高等学校 **电气工程及其自动化专业** 应用型本科系列规划教材

# 电气设备装调综合训练教程

主　编　梁文涛　聂　玲　刘兴华

主　审　苑尚尊

U0379686

重庆大学出版社

# 内 容 简 介

本教程是根据电气设备装调实训要求,全面介绍必需的电工基本操作、基本线路安装和常见机床控制线路。内容包括电工工具、电工材料、电工测量仪表、机床线路安装,机床线路故障排除和电气安全等实用知识。附录中给出了"中级维修电工"理论考试参考题,为参加"中级维修电工"职业技能鉴定提供帮助。

本教程可作为高等院校电类专业和近机类专业进行电气设备装调实训教材,也可作为"中级维修电工"的培训教材,还可供电气工程技术相关人员参考。

**图书在版编目(CIP)数据**

电气设备装调综合训练教程/梁文涛,聂玲,刘兴华主编.—重庆:
重庆大学出版社,2017.1
高等学校电气工程及其自动化专业应用型本科系列规
划教材
ISBN 978-7-5689-0369-1

Ⅰ.①电… Ⅱ.①梁…②聂…③刘… Ⅲ.①电气设备—设备安装—高等学校—教材②电气设备—调试方法—高等学校—教材
Ⅳ.①TM05②TM07

中国版本图书馆 CIP 数据核字(2017)第 001195 号

## 电气设备装调综合训练教程

主 编 梁文涛 聂 玲 刘兴华
主 审 苑尚尊
策划编辑:周 立
责任编辑:文 鹏 邓桂华 版式设计:周 立
责任校对:贾 梅 责任印制:赵 晟

\*

重庆大学出版社出版发行
出版人:易树平
社址:重庆市沙坪坝区大学城西路 21 号
邮编:401331
电话:(023) 88617190 88617185(中小学)
传真:(023) 88617186 88617166
网址:http://www.cqup.com.cn
邮箱:fxk@ cqup.com.cn(营销中心)
全国新华书店经销
万州日报印刷厂印刷

\*

开本:787mm×1092mm 1/16 印张:10.75 字数:215千
2017年1月第1版 2017年1月第1次印刷
印数:1—2 000
ISBN 978-7-5689-0369-1 定价:25.00元

# 前言

本书作为高等学校工程类各专业《机床电气》课程的重要实践环节，其目的是拓展学生知识面，提高学生综合素质和实践动手能力。

本书以培养应用型人才为特点，突出应用和技能培养为重点，扩大学生知识面。根据电气设备装调实训要求，全面介绍必需的基本测试和基本线路安装、常见机床控制线路，重点介绍 Z3050 和 X62W 两种最普通的钻床和铣床。学生可以利用电气线路模拟板进行排查故障，并对机床模拟板作了详细介绍。根据多年实践操作经验，详细讲解了机床模拟板操作检查步骤，对初学者有很大的帮助。附录对"中级维修电工"职业技能鉴定、理论考试相关内容作了一定的收集与整理，并给出了参考答案，供参加"中级维修电工"职业技能鉴定的学生提供复习帮助。

本书理论联系实际，叙述清楚，深入浅出，通俗易懂，图形符号和文字符号均采用新颁布的国家标准。

本书是由重庆科技学院电气与信息工程学院电工电子实验教学中心统一组织编写的。

参加本书编写的有：第 1 章由梁文涛编写，第 2 章由庄凯编写，第 3 章由朱光平编写，第 4 章由许弟建编写，第 5 章由刘兴华编写，第 6 章由聂玲编写。

本书由梁文涛老师负责全书策划、组织、统稿和定稿，由苑尚尊老师主审，并提出了宝贵意见和建议。同时也得到了电工电子实验教学中心其他实验老师的大力支持和帮助，在此一并表示感谢。

由于编者水平有限，书中难免存在许多不足，敬请读者提出批评和改进意见。

编　者

2016 年 10 月

# 目录

# 第 1 章
## 电工基础

本章主要介绍常用的电工工具、电工材料和电工仪表,维修电工中常用的判别及测量方法,晶体管好坏和管脚的判别,电动机绕组首尾端的判别,三相功率的测量等。

## 1.1　电工工具

### 1.1.1　螺丝刀

螺丝刀又称为起子,一般分为一字起子和十字起子,螺丝刀的大小、长短虽不一样,但使用方法基本相同,如图 1.1 所示。

图 1.1　螺丝刀

使用要点:

①螺丝刀较大时,除大拇指、食指和中指要夹住握柄外,手掌还要顶住柄的末端以防旋转时滑脱。

②螺丝刀较小时,用大拇指和中指夹住握柄,同时用食指顶住柄的末端用力旋动。

③螺丝刀较长时,用右手压紧手柄并转动,同时左手握住螺丝刀的中间部分(不可放在螺钉周围,以免将手划伤),以防止螺丝刀滑脱。

**注意事项：**

①带电作业时,手不可触及螺丝刀的金属杆,以免发生触电事故。

②作为电工,不应使用金属杆直通握柄顶部的螺丝刀。

③为防止金属杆触到人体或邻近带电体,金属杆应套上绝缘管。

### 1.1.2　电工刀

电工刀是电工常用的一种切削工具。普通的电工刀由刀片、刀刃、刀把、刀挂等构成。不用时,把刀片收缩到刀把内,如图1.2所示。

图1.2　电工刀

**使用要点：**

①用电工刀剖削电线绝缘层时可把刀刃略微翘,用刀刃的圆角抵住线芯。切忌把刀刃垂直对着导线切割绝缘层,因为这样容易割伤电线线芯。

②导线接头之前应把导线上的绝缘剥除。

③用电工刀切剥时刀口千万别伤着芯线。常用的剥削方法有级段剥落和斜削法。

④电工刀的刀刃部分要磨得锋利才好剥削电线,但不可太锋利。

**注意事项：**

①不得用于带电作业,以免触电。

②应将刀口朝外剖削,并注意避免伤及手指。

③剥削导线绝缘层时,应使刀面与导线成较小的锐角,以免割伤导线。

④使用完毕,随即将刀身折进刀柄。

### 1.1.3　钢丝钳

钢丝钳在电工作业时,用途广泛。钳口可用来弯绞或钳夹导线线头;齿口可用来紧固或起松螺母;刀口可用来剪切导线或钳削导线绝缘层;侧口可用来铡切导线线芯、钢丝等较硬线材。钢丝钳各种用途的使用方法如图1.3所示。

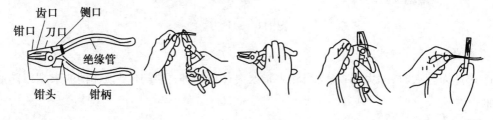

图1.3　钢丝钳

**注意事项：**

①使用前,使检查钢丝钳绝缘是否良好,以免带电作业时造成触电事故。

②在带电剪切导线时,不得用刀口同时剪切不同电位的两根线(如相线与零线、相线与相线等),以免发生短路事故。

### 1.1.4　尖嘴钳

尖嘴钳因其头部尖细,适用于在狭小的工作空间操作,如图1.4(a)所示。

尖嘴钳可用来剪断较细小的导线;可用来夹持较小的螺钉、螺帽、垫圈、导线等;也可用来对单股导线整形(如平直、弯曲等)。若使用尖嘴钳带电作业,应检查其绝缘是否良好,并在作业时金属部分不要触及人体或邻近的带电体。

### 1.1.5　斜口钳

斜口钳专用于剪断各种电线电缆,如图1.4(b)所示。

对粗细不同、硬度不同的材料,应选用大小合适的斜口钳。

### 1.1.6　剥线钳

剥线钳是专用于剥削较细小导线绝缘层的工具,其外形如图1.4(c)所示。

使用剥线钳剥削导线绝缘层时,先将要剥削的绝缘长度用标尺定好,然后将导线放入相应的刀口中(比导线直径稍大),再用手将钳柄一握,导线的绝缘层即被剥离。

(a)尖嘴钳　　　　　(b)斜口钳　　　　　(c)剥线钳

图1.4　尖嘴钳、斜口钳和剥线钳的外形

### 1.1.7　试电笔

试电笔又叫验电器,一般分低压验电器和高压验电器,只有专业电工才用到高压验电器,一般使用的都是低压验电器。

试电笔是电工随身携带的常用辅助安全工具,主要用来检查低压导体或电气设备外壳等是否带电。

试电笔有多种形式,但基本结构和工作原理都相同,如图1.5所示。试电笔前端为金属探头,后端也有金属挂钩或金属片等,以便使用时用手接触。中间绝缘管内装有发光氖灯、电阻及压紧弹簧。试电笔的工作原理是:当测试带电体时,测试者用手触及试电笔后端的金属挂钩或金属片,此时验电笔端、氖泡、电阻、人体和大地形成回路。当被测物体带电时,电流便通过回路,使氖泡起辉;如果氖泡不亮,则表明该物体不带电。测试者即使穿上绝缘鞋或站在绝缘物上,也可认为形成了回路,因为绝缘物的漏电和人体与大地之间的电容电流足以使氖泡起辉。只要带电体与大地之间存在一定的电位差(通常在60 V以上),试电笔就会发出辉光。若是交流电,氖泡两极发光;若是直流电,则只有一极发光。

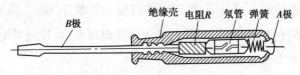

图1.5 试电笔的结构

**注意事项:**

①测试前应在带电体上进行校核,确认试电笔良好,以防作出错误判断。

②避免在光线明亮的方向观察氖泡是否起辉,以免因看不清而误判。

③有些设备,特别是测试仪表,往往因感应而带电。此外,某些金属外皮也有感应电。在这些情况下,用试电笔测试有电,不能作为存在触电危险的依据。因此,还必须采用其他方法(例如用万用表测量)确认其是否真正带电。

### 1.1.8 电烙铁

电烙铁的外形、结构以及烙铁头的形状如图1.6所示。

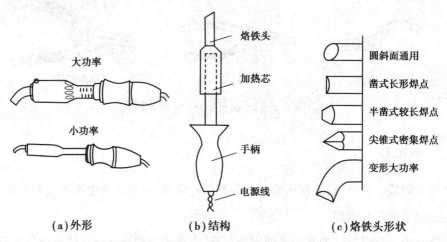

(a)外形　　　　(b)结构　　　　(c)烙铁头形状

图1.6 电烙铁外形、结构和烙铁头的形状

焊接前,一般要把焊头的氧化层除去,并用焊剂进行上锡处理,使得焊头的前端经常保持一层薄锡,以防止氧化、减少能耗、导热良好。

电烙铁的握法没有统一的要求,以不易疲劳、操作方便为原则,一般有笔握法和拳握法两种,如图1.7所示。

用电烙铁焊接导线时,必须使用焊料和焊剂。焊料一般为丝状焊锡或纯锡,常见的焊剂有松香、焊膏等。

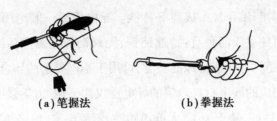

　　　(a)笔握法　　　　　　　　(b)拳握法

图1.7　电烙铁的握法

对焊接的基本要求是:焊点必须牢固,锡液必须充分渗透,焊点表面光滑有泽,应防止出现"虚焊""夹生焊"。产生"虚焊"的原因是因为焊件表面未清除干净或焊剂太少,使得焊锡不能充分流动,造成焊件表面挂锡太少,焊件之间未能充分固定;造成"夹生焊"的原因是因为烙铁温度低或焊接时烙铁停留时间太短,焊锡未能充分熔化。

**注意事项:**

①使用前应检查电源线是否良好,有无被烫伤。

②焊接电子类元件(特别是集成块)时,应采用防漏电等安全措施。

③当焊头因氧化而不"吃锡"时,不可硬烧。

④当焊头上锡较多不便焊接时,不可甩锡,不可敲击。

⑤焊接较小元件时,时间不宜过长,以免因过热损坏元件或绝缘。

⑥焊接完毕,应拔去电源插头,将电烙铁置于金属支架上,防止烫伤或火灾的发生。

# 1.2　电工材料

材料学科是边缘学科,对科学技术的发展具有明显的先导作用。事实证明,新型材料的问世对科学技术和社会经济发展起到了巨大的推动作用。电工材料是研究、生产、使用电气工程材料的学科,其目的就是要做到合理选材、正确用材。电气工程上常将电工材料分为绝缘材料、导电材料、磁性材料、压电材料、超导材料和其他电工材料。

## 1.2.1　导电材料

### (1)普通导电材料

导电金属是指专门用于传导电流的金属材料。依据电气工程的实际需要,导电金属应具有电导率高、力学强度高、不易氧化和腐蚀、容易加工和焊接等特性,同时价格还便宜、资源丰富。最常见的导电金属是铜和铝以及它们的合金。

铜是应用最广泛的导电材料,具有良好的导电性、导热性和耐蚀性,具有足够的力学强度,无低温脆性,便于焊接,易于加工成型等特性。导电用铜一般选用含铜量大于 99.90% 的工业纯铜。导电用铜材的主要品种有:普通纯铜、无氧铜和无磁性高纯铜。导电用铜合金不但具有良好的导电性,还具有一些特殊的功能,可用于不同要求的场合。

铝也是一种应用很广的导电材料。铝的导电性仅次于铜,力学强度为铜的 1/2,密度为铜的 30%,导热性和耐蚀性好,易于加工,无低温脆性,资源丰富,价格便宜。常用的导电用铝材有特一号铝、特二号铝和一号铝。

影响铜、铝性能的主要因素有杂质、冷变形、温度、腐蚀等。杂质使电阻率上升,但机械强度、硬度得到提高,铝的可塑性、耐蚀性将下降。铜、铝材料经冷变形后,可提高抗拉强度。在干燥的大气中,铜和铝具有较好的耐蚀性,但潮湿与腐蚀介质(如二氧化硫、酸、碱等)会侵蚀导电金属。在熔点以下,随温度的升高,其导电能力、抗拉强度都将下降。因此,一般要求铜的长期工作温度不宜超过 110 ℃,短期工作温度不宜超过 300 ℃;铝的长期工作温度不宜超过 90 ℃,短期工作温度不宜超过 120 ℃。

绝缘电线的绝缘有橡皮和塑料两类。其品种和规格见表 1.1。

表 1.1　橡皮、橡胶、塑料绝缘电线的品种和规格

| 型　　号 | 产品名称 | 导线长期容许工作温度/℃ | 导线截面/mm$^2$ | 敷设场合及要求 |
|---|---|---|---|---|
| BLXF | 铝芯氯丁橡皮线 | 65 | 2.5～95 | 固定敷设,尤其适用于户外,可明敷、暗敷 |
| BXF | 铜芯氯丁橡皮线 | | 0.75～95 | |
| BLX | 铝芯橡皮线 | 65 | 2.5～630 | 固定敷设,可明敷、暗敷 |
| BX | 铜芯橡皮线 | | 0.75～500 | |
| BXR | 铜芯橡皮软线 | | 2.5～400 | 室内安装,要求较柔软时 |
| BLV | 铝芯聚氯乙烯绝缘电线 | | 1.5～185 | 固定敷设于室内外及电气器设备内部,可明敷、暗敷,最低敷设温度不低于-15 ℃ |
| BV | 铜芯聚氯乙烯绝缘电线 | | 0.03～185 | |
| BLV-105 | 铝芯耐热 105 ℃聚氯乙烯绝缘电线 | 105 | 1.5～185 | 固定敷设于高温环境的场所,可明敷、暗敷,最低敷设温度不低于-15 ℃ |
| BV-105 | 铜芯耐热 105 ℃聚氯乙烯绝缘电线 | | 0.03～185 | |

| 型 号 | 产品名称 | 导线长期容许工作温度/℃ | 导线截面/mm² | 敷设场合及要求 |
|---|---|---|---|---|
| BVR | 铜芯聚氯乙烯软线 | 65 | 0.75 ~ 50 | 固定敷设安装,要求柔软时用,最低敷设温度不低于-15 ℃ |
| BLVV BVV | 铝芯聚氯乙烯绝缘聚氯乙烯护套电线 铜芯聚氯乙烯绝缘聚氯乙烯护套电线 | 65 | 1.5 ~ 10 0.75 ~ 10 | 固定敷设于潮湿的室内和机械防护要求高的场所,可明敷、暗敷和直埋地下,最低敷设温度不低于-15 ℃ |
| BVF BVFR | 丁腈聚氯乙烯复合物绝缘电气装置用电线 丁腈聚氯乙烯复合物绝缘电气装置用软线 | 65 | 0.75 ~ 6 0.75 ~ 70 | 交流 500 V 或直流 1 000 V 及以下的电器、仪表等装置作连接线用 |

橡皮、塑料绝缘软线适用于各种交直流移动电器、电工仪表、电信设备及自动化装置。工作电压大多为交流 250 V 或直流 500 V 以下,RVV 型电线可用于交流 500 V 或直流 1 000 V 及以下。其品种和电线结构见表 1.2。

表 1.2 橡皮、塑料绝缘软线品种和电线结构

| 型 号 | 产品名称 | 导线长期容许工作温度/℃ | 导线截面/mm² | 导线结构(根数/直径,mm) |
|---|---|---|---|---|
| RXS RX | 棉纱编织橡皮绝缘绞型软线 棉纱纺织橡皮绝缘软线 | 65 | 0.2 | 12/0.15 |
| | | | 0.28 | 16/0.15 |
| | | | 0.4 | 23/0.15 |
| | | | 0.5 | 28/0.15 |
| | | | 0.6 | 34/0.15 |
| | | | 0.7 | 40/0.15 |
| | | | 0.75 | 42/0.15 |
| | | | 1.0 | 32/0.20 |
| | | | 1.2 | 38/0.20 |
| | | | 1.5 | 48/0.20 |
| | | | 2.0 | 64/0.20 |

续表

| 型　号 | 产品名称 | 导线长期容许工作温度/℃ | 导线截面/mm² | 导线结构(根数/直径,mm) |
|---|---|---|---|---|
| RFB<br>RFS<br>RVB<br>RVS | 丁腈聚氯乙烯复合物绝缘平型软线<br>丁腈聚氯乙烯复合物绝缘绞型软线 | 70 | 0.12 | 7/0.15 |
| | | | 0.2 | 12/0.15 |
| | | | 0.3 | 16/0.15 |
| | | | 0.4 | 23/0.15 |
| | | | 0.5 | 28/0.15 |
| | 聚氯乙烯绝缘平型软线<br>聚氯乙烯绝缘绞型软线 | 65 | 0.75 | 42/0.15 |
| | | | 1.0 | 32/0.20 |
| | | | 1.5 | 48/0.20 |
| | | | 2.0 | 64/0.20 |
| | | | 2.5 | 77/0.20 |
| RV<br>RV105 | 聚氯乙烯绝缘软线 | 65 | 0.012 | 7/0.05 |
| | | | 0.03 | 7/0.07 |
| | | | 0.06 | 7/0.10 |
| | | | 0.12 | 7/0.15 |
| | | | 0.2 | 12/0.15 |
| | | | 0.3 | 16/0.15 |
| | | | 0.4 | 23/0.15 |
| | | | 0.5 | 28/0.15 |
| | | | 0.75 | 42/0.15 |
| | | | 1.0 | 32/0.20 |
| | | | 1.5 | 48/0.20 |
| | 耐热聚氯乙烯绝缘软线 | 105 | 2.0 | 64/0.20 |
| | | | 2.5 | 77/0.20 |
| | | | 4.0 | 77/0.26 |
| | | | 6.0 | 77/0.32 |

续表

| 型 号 | 产品名称 | 导线长期容许工作温度/℃ | 导线截面/mm² | 导线结构(根数/直径,mm) |
|---|---|---|---|---|
| RVV | 聚氯乙烯绝缘护套软线 | 65 | 0.12 | 7/0.15 |
| | | | 0.2 | 12/0.15 |
| | | | 0.3 | 16/0.15 |
| | | | 0.4 | 23/0.15 |
| | | | 0.5 | 28/0.15 |
| | | | 0.75 | 42/0.15 |
| | | | 1.0 | 32/0.20 |
| | | | 1.5 | 48/0.20 |
| | | | 2.0 | 64/0.20 |
| | | | 2.5 | 77/0.20 |
| | | | 4.0 | 77/0.26 |
| | | | 6.0 | 77/0.32 |

**(2)常用电线电缆**

电线电缆主要用于电力的传输与分配、电气信号的传递和转换以及绕制电气装备用线圈或绕组等,在电气工程中用量很大。电线电缆的种类很多,大致可分为裸电线、电磁线、电气装备用电线电缆、电力电缆、通信电缆和通信光缆等。

电线电缆一般由导电层、绝缘层和保护层组成,电线电缆的型号由汉语拼音字母和阿拉伯数字组合,其组成见表1.3。

表1.3 电线电缆型号的组成

| 次 序 | 类别及用途 | 导 体 | 绝 缘 | 护 层 | 其他特性 | 外护层 | 派 生 |
|---|---|---|---|---|---|---|---|
| 字母数 | 0或1或2 | 0或1 | 0或1 | 1 | 0或1或2 | 2个数字 | 数字 |
| 项 | 1 | 2 | 3 | 4 | 5 | 6 | 7 |

在型号组成中,常用材料的代号可省略,不一定7项全有,电线电缆的名称由型号各项含义组合而成,名称已约定俗成,无严格的分界线。

裸电线是一种表面裸露、没有绝缘层的导线。按产品结构和用途分为单线、裸绞线、软接线、型线和型材四大系列。单线一般用作电线电缆的线芯,绞线则用于架空输电线路,软接线用于耐振动、弯曲的场合,型线和型材用于母线、电机的换向器、开关触点等。

电磁线主要用于绕制电机、变压器等电工设备的线圈或绕组,又称为绕组线。电磁线分为漆包线、绕包线、无机绝缘线和特种电磁线。电磁线在选用时,应根据使用的技术条件合理地选择性能参数,在选择时要考虑的技术条件有电磁线的耐热等级、电性能、力学性能、空间因素、相容性、环境因素等。

电气装备用电线电缆的品种繁多,一般除电力电缆、通信电缆和电磁线外的大部分绝缘电线电缆都归入它的范畴。按用途可分为低压配电电线电缆、信号及控制电线电缆、仪器和设备的连接线、交通工具用电线电缆、直流高压电缆及其他专用电线电缆。

电力电缆主要用于电力系统中传输或分配大功率电能,与架空线相比具有可在各种环境下敷设、隐蔽耐用、安全可靠、受外界气候的影响小等优点,但结构和工艺复杂,成本较高。一般按绝缘材料分类,可分为纸绝缘电缆、橡胶绝缘电缆、塑料绝缘电缆、充油绝缘电缆及充气绝缘电缆等。电力电缆的型号、用途和规格见表1.4。电力电缆线的载流量(安)、塑料绝缘电线(铜、铝)安全载流量(安)、橡皮绝缘电线(铜、铝)安全载流量(安)和 通用橡套软电缆载流量(安)分别见表1.5、表1.6、表1.7 和表1.8。

**表1.4　电缆的型号、用途和规格**

| 型　号 | 名　称 | 标称截面 /mm² | 导线结构(根数/直径,mm) | 主要用途 |
|---|---|---|---|---|
| YQ | 轻型橡套电缆 | 0.3 | 16/0.15 | 连接电压250 V 及以下的轻型移动电气设备 |
| | | 0.5 | 28/0.15 | |
| YQW | | 0.75 | 42/0.15 | 同上,并具有耐气候性和一定的耐油性能 |
| YZ | 中型橡套电缆 | 0.5 | 28/0.15 | 连接电压500 V 及以下的各种移动电气设备 |
| | | 0.75 | 42/0.15 | |
| YZW | | 1.0 | 32/0.20 | 同上,并具有耐气候性和一定的耐油性能 |
| | | 1.5 | 46/0.20 | |
| | | 2.0 | 64/0.20 | |
| | | 2.5 | 77/0.20 | |
| | | 4.0 | 77/0.26 | |
| | | 6.0 | 77/0.32 | |

续表

| 型 号 | 名 称 | 标称截面<br>/mm² | 导线结构（根数/<br>直径，mm） | 主要用途 |
|---|---|---|---|---|
| YC | | 2.5 | 49/0.26 | 同 YZ，但能承受较大的机械外力作用 |
| | | 4 | 49/0.32 | |
| YCW | 重型橡套电缆 | 6 | 49/0.39 | 同上，并具有耐气候性和一定的耐油性能 |
| | | 10 | 84/0.39 | |
| | | 16 | 84/0.49 | |
| | | 25 | 133/0.49 | |
| | | 35 | 133/0.58 | |
| | | 50 | 133/0.68 | |
| | | 70 | 189/0.68 | |
| | | 95 | 259/0.68 | |
| | | 120 | 259/0.76 | |
| YH | 电焊机用铜芯<br>橡套软电缆 | 10 | 322/0.2 | 用作电焊机二次侧接线及连接电焊钳的软电缆，额定工作电压为 220 V |
| | | 16 | 513/0.2 | |
| | | 25 | 798/0.2 | |
| | | 35 | 1 121/0.2 | |
| | | 50 | 1 596/0.2 | |
| | | 70 | 999/0.3 | |
| | | 95 | 1 332/0.3 | |
| | | 120 | 1 702/0.3 | |
| | | 150 | 2 109/0.3 | |
| YHL | 电焊机用铝芯<br>橡套软电缆 | 16 | 228/0.3 | |
| | | 25 | 342/0.3 | |
| | | 35 | 494/0.3 | |
| | | 50 | 703/0.3 | |
| | | 70 | 999/0.3 | |
| | | 95 | 1 332/0.3 | |
| | | 120 | 1 702/0.3 | |
| | | 150 | 2 109/0.3 | |
| | | 185 | 2 590/0.3 | |

表1.5　电缆线的载流量　　　　　　　　　　　　　　　单位:A

| 标称截面 /mm² | 双芯电缆 | | 三芯电缆 | | 四芯电缆 | |
|---|---|---|---|---|---|---|
| | 铜 | 铝 | 铜 | 铝 | 铜 | 铝 |
| 1.5 | 13 | 9 | 13 | 9 | — | — |
| 2.5 | 22 | 16 | 22 | 16 | 22 | 16 |
| 4 | 35 | 26 | 35 | 26 | 35 | 26 |
| 6 | 52 | 39 | 52 | 39 | 52 | 39 |
| 10 | 88 | 66 | 83 | 62 | 74 | 56 |
| 16 | 123 | 92 | 105 | 70 | 101 | 75 |
| 25 | 162 | 122 | 140 | 105 | 132 | 99 |
| 35 | 198 | 148 | 167 | 125 | 154 | 115 |
| 50 | 237 | 178 | 206 | 155 | 189 | 141 |
| 70 | 286 | 214 | 250 | 188 | 233 | 174 |
| 95 | 334 | 250 | 299 | 224 | 272 | 204 |
| 120 | 382 | 287 | 343 | 257 | 308 | 231 |
| 150 | 440 | 330 | 382 | 287 | 347 | 260 |
| 185 | — | — | 431 | 323 | 396 | 297 |
| 240 | — | — | — | — | 448 | 336 |

表1.6　塑料绝缘电线(铜、铝)安全载流量　　　　　　　　　单位:A

| 标称截面 /mm² | 明线敷设 | | 穿管敷设 | | | | | | 护套线 | | | |
|---|---|---|---|---|---|---|---|---|---|---|---|---|
| | | | 二根 | | 三根 | | 四根 | | 二芯 | | 三及四芯 | |
| | 铜 | 铝 | 铜 | 铝 | 铜 | 铝 | 铜 | 铝 | 铜 | 铝 | 铜 | 铝 |
| 0.2 | 3 | — | — | — | — | — | — | — | 3 | — | 2 | — |
| 0.3 | 5 | — | — | — | — | — | — | — | 4.5 | — | 3 | — |
| 0.4 | 7 | — | — | — | — | — | — | — | 6 | — | 4 | — |
| 0.5 | 8 | — | — | — | — | — | — | — | 7.5 | — | 5 | — |
| 0.6 | 10 | — | — | — | — | — | — | — | 8.5 | — | 6 | — |
| 0.7 | 12 | — | — | — | — | — | — | — | 10 | — | 8 | — |
| 0.8 | 15 | — | — | — | — | — | — | — | 11 | — | 10 | — |
| 1 | 18 | — | 15 | — | 14 | — | 13 | — | 5 | — | 11 | — |
| 1.5 | 22 | 17 | 18 | 13 | 16 | 12 | 15 | 11 | 14 | 14 | 12 | 10 |

续表

| 标称截面 /mm² | 明线敷设 | | 穿管敷设 | | | | | | 护套线 | | | |
| --- | --- | --- | --- | --- | --- | --- | --- | --- | --- | --- | --- | --- |
| | | | 二根 | | 三根 | | 四根 | | 二芯 | | 三及四芯 | |
| | 铜 | 铝 | 铜 | 铝 | 铜 | 铝 | 铜 | 铝 | 铜 | 铝 | 铜 | 铝 |
| 2 | 26 | 20 | 20 | 15 | 17 | 13 | 16 | 12 | 18 | 16 | 14 | 12 |
| 2.5 | 30 | 23 | 26 | 20 | 25 | 19 | 23 | 17 | 20 | 19 | 19 | 15 |
| 3 | 32 | 24 | 29 | 22 | 27 | 20 | 25 | 19 | 22 | 21 | 22 | 17 |
| 4 | 40 | 30 | 38 | 29 | 33 | 25 | 30 | 23 | 25 | 25 | 25 | 20 |
| 5 | 45 | 34 | 42 | 31 | 37 | 28 | 34 | 25 | 33 | 28 | 28 | 22 |
| 6 | 50 | 39 | 44 | 34 | 41 | 31 | 37 | 28 | 37 | 31 | 31 | 24 |
| 8 | 63 | 48 | 56 | 43 | 49 | 39 | 43 | 34 | 41 | 39 | 40 | 30 |
| 10 | 75 | 55 | 68 | 51 | 56 | 42 | 49 | 37 | 51 | 48 | 48 | 37 |
| 16 | 100 | 75 | 80 | 61 | 72 | 55 | 64 | 49 | 63 | — | — | — |
| 20 | 110 | 85 | 90 | 70 | 80 | 65 | 74 | 56 | — | — | — | — |
| 25 | 130 | 100 | 100 | 80 | 90 | 75 | 85 | 65 | — | — | — | — |
| 35 | 160 | 125 | 125 | 96 | 110 | 84 | 105 | 75 | — | — | — | — |
| 50 | 200 | 155 | 163 | 125 | 142 | 109 | 120 | 89 | — | — | — | — |
| 70 | 255 | 200 | 202 | 156 | 182 | 141 | 161 | 125 | — | — | — | — |
| 95 | 310 | 240 | 243 | 187 | 227 | 175 | 197 | 152 | — | — | — | — |

表 1.7　橡皮绝缘电线(铜、铝)安全载流量　　　　　　单位:A

| 标称截面 /mm² | 明线敷设 | | 穿管敷设 | | | | | | 护套线 | | | |
| --- | --- | --- | --- | --- | --- | --- | --- | --- | --- | --- | --- | --- |
| | | | 二根 | | 三根 | | 四根 | | 二芯 | | 三及四芯 | |
| | 铜 | 铝 | 铜 | 铝 | 铜 | 铝 | 铜 | 铝 | 铜 | 铝 | 铜 | 铝 |
| 0.2 | — | — | — | — | — | — | — | — | 3 | — | 2 | — |
| 0.3 | — | — | — | — | — | — | — | — | 4 | — | 3 | — |
| 0.4 | — | — | — | — | — | — | — | — | 5.5 | — | 3.5 | — |
| 0.5 | — | — | — | — | — | — | — | — | 7 | — | 4.5 | — |
| 0.6 | — | — | — | — | — | — | — | — | 8 | — | 5.5 | — |
| 0.7 | — | — | — | — | — | — | — | — | 9 | — | 7.5 | — |
| 0.8 | — | — | — | — | — | — | — | — | 10.5 | — | 9 | — |
| 1 | 17 | — | 14 | — | 13 | — | 12 | — | 12 | — | 10 | — |

续表

| 标称截面 /mm² | 明线敷设 | | 穿管敷设 | | | | | | 护套线 | | | |
|---|---|---|---|---|---|---|---|---|---|---|---|---|
| | | | 二根 | | 三根 | | 四根 | | 二芯 | | 三及四芯 | |
| | 铜 | 铝 | 铜 | 铝 | 铜 | 铝 | 铜 | 铝 | 铜 | 铝 | 铜 | 铝 |
| 1.5 | 20 | 15 | 16 | 12 | 15 | 11 | 14 | 10 | 15 | 12 | 11 | 8 |
| 2 | 24 | 18 | 18 | 14 | 16 | 12 | 15 | 11 | 17 | 15 | 12 | 10 |
| 2.5 | 28 | 21 | 24 | 18 | 23 | 17 | 21 | 16 | 19 | 16 | 16 | 13 |
| 3 | 30 | 22 | 27 | 20 | 25 | 18 | 23 | 17 | 21 | 18 | 19 | 14 |
| 4 | 37 | 28 | 35 | 26 | 30 | 23 | 27 | 21 | 28 | 21 | 21 | 17 |
| 5 | 41 | 31 | 39 | 28 | 34 | 26 | 30 | 23 | 33 | 24 | 24 | 19 |
| 6 | 46 | 36 | 40 | 31 | 38 | 29 | 34 | 26 | 35 | 26 | 26 | 21 |
| 8 | 58 | 44 | 50 | 40 | 45 | 36 | 40 | 31 | 44 | 33 | 34 | 26 |
| 10 | 69 | 51 | 63 | 47 | 50 | 39 | 45 | 34 | 54 | 41 | 41 | 32 |
| 16 | 92 | 69 | 74 | 56 | 66 | 50 | 59 | 45 | — | — | — | — |
| 20 | 100 | 78 | 83 | 65 | 74 | 60 | 68 | 52 | — | — | — | — |
| 25 | 120 | 92 | 92 | 74 | 83 | 69 | 78 | 60 | — | — | — | — |
| 35 | 148 | 115 | 115 | 88 | 100 | 78 | 97 | 70 | — | — | — | — |
| 50 | 185 | 143 | 150 | 115 | 130 | 100 | 110 | 82 | — | — | — | — |
| 70 | 230 | 185 | 186 | 144 | 168 | 130 | 149 | 115 | — | — | — | — |
| 95 | 290 | 225 | 220 | 170 | 210 | 160 | 180 | 140 | — | — | — | — |
| 120 | 355 | 270 | 260 | 200 | 220 | 173 | 210 | 165 | — | — | — | — |
| 150 | 400 | 310 | 290 | 230 | 260 | 207 | 240 | 188 | — | — | — | — |

表 1.8　通用橡套软电缆载流量　　　　　　　　单位:A

| 主芯线截面 /mm² | YQ、YQW | | YZ、YZW | | | YC、YCW | | | |
|---|---|---|---|---|---|---|---|---|---|
| | 二芯 | 三芯 | 二芯 | 三芯 | 四芯 | 单芯 | 二芯 | 三芯 | 四芯 |
| 0.3 | 7 | 6 | — | — | — | — | — | — | — |
| 0.5 | 11 | 9 | 12 | 10 | 9 | — | — | — | — |
| 0.75 | 14 | 12 | 14 | 12 | 11 | — | — | — | — |
| 1 | — | — | 17 | 14 | 13 | — | — | — | — |
| 1.5 | — | — | 21 | 18 | 18 | — | — | — | — |
| 2 | — | — | 26 | 22 | 22 | — | — | — | — |

| 主芯线截面 /mm² | YQ、YQW | | YZ、YZW | | | YC、YCW | | | |
|---|---|---|---|---|---|---|---|---|---|
| | 二芯 | 三芯 | 二芯 | 三芯 | 四芯 | 单芯 | 二芯 | 三芯 | 四芯 |
| 2.5 | — | — | 30 | 25 | 25 | 37 | 30 | 26 | 27 |
| 4 | — | — | 41 | 35 | 36 | 47 | 39 | 34 | 34 |
| 6 | — | — | 53 | 45 | 45 | 52 | 51 | 43 | 44 |
| 10 | — | — | — | — | — | 75 | 74 | 63 | 63 |
| 16 | — | — | — | — | — | 112 | 98 | 84 | 84 |
| 25 | — | — | — | — | — | 148 | 135 | 115 | 116 |
| 35 | — | — | — | — | — | 183 | 167 | 142 | 143 |
| 50 | — | — | — | — | — | 226 | 208 | 176 | 177 |
| 70 | — | — | — | — | — | 289 | 259 | 224 | 224 |
| 95 | — | — | — | — | — | 353 | 318 | 273 | 273 |
| 120 | — | — | — | — | — | 415 | 371 | 316 | 316 |

注:线芯长期容许工作温度为 65 ℃,周围环境温度为 25 ℃。

通信电缆和光纤光缆是通过导线或光纤传输电磁波信息的传输元件,具有传输质量好、复用路数多、可靠性强、使用寿命长且易于保密等特点。通信电缆包括市内、长途、射频、CATV、海底通信电缆等,光纤光缆包括架空、海底、管道、光电综合通信、电力系统用光缆的软光缆。由于光纤光缆具有传输衰减小、频带宽、质量轻、外径小、不受电磁场干扰等优点,它已广泛地替代了通信电缆用于通信系统,它不仅能节省大量的铜和其他材料,而且还能大大提高信息的传输速度和质量,是非常理想的通信材料。

**(3)特殊导电材料**

特殊导电材料除了具有普通金属传导电流的作用之外,还兼有其他特殊功能,常用的有熔体材料、电刷、电阻合金、电热合金、电触头材料、双金属片材料、热电偶材料、弹性材料、半导体材料等。

熔体材料的主要作用是当流过熔体中的电流超过一定值时,经一段时间后,熔体将自动熔断,对设备就起到了保护作用。在选用时要根据电器特点、负载电流的大小、熔断器类型等多因素共同确定。铅合金熔体是最常见的熔体材料。

电刷是用于电机的换向器或集电环上传导电流的滑动接触体,一般电刷应具有较小的电阻率和摩擦因数、适当的硬度和机械强度。欲满足使用要求,不完全取决于电刷本身,还需从电机的结构、电刷的安装、调整及运行条件等多方面来考虑。常用电刷可分为石墨型电刷、电化石墨型电刷和金属石墨型电刷 3 类。石墨型电刷适用于负载均匀的电机,电化石墨型电刷则适用于负载变化大的电机,而金属石墨型电刷适用于低电压、大电流、圆周速度不超过30 m/s 的直流电机和感应电机。

电阻合金是用于制造各种电阻元件的合金材料,可分为调节元件用电阻合金、精密元件用电阻合金、传感器元件用电阻合金及温度补偿元件用电阻合金。电热合金是用于制造各种电热具及电阻加热设备中的发热元件,具有良好的抗氧化性,可作高温热源长期使用。电触头材料用于各种电气触点之间的连接,开闭触头工作过程可分接通、载流、分断 3 个阶段,要求它具有耐磨损、接触电阻小、耐高温、耐电弧的特性,在选择时要综合考虑电源、负载的性质,电压、电流的大小,通断操作的频率。弹性合金既有一定的导电性又有良好的弹性,常用于制造仪器、仪表、接插件等器件中的弹性元件,如游丝、悬丝、簧片、膜盒等。

热双金属片材料由两层线胀系数差异较大的金属(或合金)牢固结合而成,主要用于温度控制、电流限制、温度指示、温度补偿等装置的测量仪器中,如热继电器、日光灯启辉器等。热电偶由两根不同的热电极(偶丝)组成,两电极的一端焊接在一起,为测量端,另一端(自由端)分别引出接仪表。由于两电极材料不同,热电势不同,其差值与测量端温度(即被测温度)成正比。热电偶与显示仪表配合,可用于直接测量气体和液体介质及固体表面温度,它结构简单、使用方便、稳定可靠、测量范围宽,被广泛地用于测温与控制系统中。热电偶材料分热偶和补偿导线两类,要配合使用。

半导体材料是电子电路中的主要原材料,可分为元素半导体、化合物半导体、固溶体半导体、有机半导体和玻璃态半导体。当一些物质低于一定温度时,其电阻将会出现降为零的现象,这类物质称为超导体。超导体在临界温度下、临界磁场强度以下、临界电流以下时具有零电阻和完全抗磁的特性。超导体的应用日益广泛,如磁悬浮列车、超导发电、输电等。

除此以外,在电力系统中还有一些具有特殊光、电功能的新型材料,如光电材料、发光材料、压电材料、液晶材料等。总之,随着科学的发展,特殊导电材料正朝高品位、多样化的方向发展。

### 1.2.2 绝缘材料

随着国民经济的发展,用电量不断上升,绝缘材料越用越多,电气设备的造价和可靠性在很大程度上取决于电气设备的绝缘。绝缘材料主要用来隔离电位不同的导体,另外还能起支承固定、灭弧、防潮、防霉及保护导体的作用。如今,绝缘材料正朝着耐高压、耐高温、阻燃、耐低温、无毒无害、节能及复合型方向发展。

**(1)绝缘材料的基本性能**

绝缘材料在电场作用下将发生极化、电导、介质发热、击穿等物理现象,绝缘材料在承受电场作用的同时,还要经受机械、化学等诸多因素的影响,长期工作将会出现老化现象。

电介质的老化是指电介质在长期运行中电气性能、力学性能等随时间的增长而逐渐劣化的现象。主要的老化形式有电老化、热老化、环境老化。

电老化多见于高压电器,产生的主要原因是绝缘材料在高压作用下发生局部放电。

热老化多见于低压电器,其机理是在温度作用下,绝缘材料内部成分氧化、裂解、变质,与水发生水解反应而逐渐失去绝缘性能。

环境老化又称为大气老化,是由于紫外线、臭氧、盐雾、酸碱等因素引起的污染性化学老化。其中,紫外线是主要因素,臭氧则由电气设备的电晕或局部放电产生。

绝缘材料一旦发生了老化后,其绝缘性能通常都不可恢复,工程上常用下列方法防止绝缘材料的老化。

①在绝缘材料制作过程中加入防老化剂。

②户外用绝缘材料可添加紫外线吸收剂,或用隔层隔离阳光。

③湿热地带使用的绝缘材料,可加入防霉剂。

④加强电气设备局部防电晕、防局部放电的措施。

绝缘材料产品按统一的命名原则进行分类和型号编制,型号由4位数字组成,分别代表大类、小类、耐热等级和产品序号,必要时可增加1位作附加代号。

**(2)气体绝缘材料**

通常情况下,常温常压下的干燥气体均有良好的绝缘性能,作为绝缘材料的气体电介质,还需要满足物理、化学性能及经济方面的要求。空气及六氟化硫气体是常用的气体绝缘材料。

空气有良好的绝缘性能,击穿后绝缘性能可瞬时自动恢复,电气物理性能稳定、来源极其丰富、应用很广。但空气的击穿电压相对较低,电极尖锐、距离近、电压波形陡、温度高、湿度大等因素均可降低空气的击穿电压,常采用压缩空气或抽真空的方法来提高击穿电压。

六氟化硫气体是一种不燃不爆、无色无味的惰性气体,它具有良好的绝缘性能和灭弧能力,远高于空气,在高压电器中得到了广泛应用。六氟化硫气体还具有优异的热稳定性和化学稳定性,但在600 ℃以上的高温作用下会发生分解,出现有毒的物质。因此在使用中应注意以下几个方面:

①严格控制含水量,做好除湿和防潮措施。

②采用适当的吸附剂去吸收有害物质及水分。

③断路器中六氟化硫气体的压力不能过高而出现液化现象。

④放置六氟化硫设备的场所应有良好的通风条件。

⑤对运行、检修人员应有必要和可靠的劳动保护措施。

**(3)液体绝缘材料**

绝缘油主要有矿物油和合成油两大类。矿物油应用广泛,它是从石油原油中经过不同程度的精制提炼而得到的一种中性液体,呈金黄色,具有很好的化学稳定性和电气稳定性。主要应用于电力变压器、少油断路器、高压电缆、油浸式电容器等设备。合成油及天然植物油常用于电容器作浸渍剂。

绝缘油在储存、运输和运行的过程中,油会被各种因素影响导致污染和老化。热和氧在油的老化中起了最主要的作用。工业中采取的防油老化的措施有:加强散热以降低油温,用氮气、薄膜使变压器油与空气隔绝,使用干燥剂以消除水分,添加抗氧化剂,防止日光照射等。油被污染后可采取压力过滤法或电净化法进行净化和再生。

为了保证充油设备的安全运行,必须经常检查油的温升、油面高度、油的闪点、酸值、击穿强度和介质损耗角正切值,必要时还要进行变压器油的色谱分析。需要补充油时,尽量用原型号或相近的型号,并应进行混合试验。

**(4)固体绝缘材料**

固体绝缘材料的种类很多,其绝缘性能优良,在电力系统中的应用很广。常用的固体绝缘材料有:绝缘漆、绝缘胶;纤维制品;橡胶、塑料及其制品;玻璃、陶瓷制品;云母、石棉及其制品等。

绝缘漆、绝缘胶都是以高分子聚合物为基础,能在一定条件下固化成绝缘硬膜或绝缘整体的重要绝缘材料。

绝缘漆主要由漆基、溶剂、稀释剂、填料等组成,绝缘漆的成膜,固化后绝缘强度较高,一般可作为电机、电器线圈的浸渍绝缘或涂覆绝缘。按用途可分为浸渍漆、漆包线漆、覆盖漆、硅钢片漆和防电晕漆等。

绝缘胶与绝缘漆相似,一般加有填料,广泛用于浇注电缆接头、套管、20 kV 及其以下电流互感器、10 kV 及其以下电压互感器。按用途可分为电器浇注胶和电缆浇注胶。

绝缘纤维制品是指绝缘纸、纸板、纸管和各种纤维织物等绝缘材料。浸渍纤维制品则是用绝缘纤维制品作底材,浸以绝缘漆制成。它具有一定的机械强度、电气强度、耐潮性能,还具备了一些防霉、防电、防辐射等特殊功能。绝缘电工层压制品是以纤维作底材,浸涂不同的胶黏剂,经热压或卷制而成的层状结构绝缘材料,其性能取决于底材和胶黏剂及其成型工艺,可制成具有优良电气性能、力学性能和耐热、耐霉、耐电弧、防电晕等特性的制品。

电工用的橡胶分天然橡胶和合成橡胶两大类,前者适宜制作柔软性、弯曲性和弹性要求较高的电线电缆和护套,但其容易老化,合成橡胶的种类较多,主要用于电线电缆的绝缘。

电工用的塑料一般由合成树脂、填料和添加剂配制而成。电工塑料质轻,电气性能优良,有足够的硬度和机械强度,易于用模具加工成型,在电气设备中得到广泛的应用。

电工塑料可分为热固性塑料和热塑性塑料两大类。热固性塑料是指热压后不溶解不熔化的固化物,如酚醛塑料、聚酯塑料等。热塑性塑料在热压成型后虽然固化,但物理化学性质不发生明显变化,仍可溶解、可熔化,可反复成型,如聚乙烯、聚丙烯、聚氯乙烯等。

电工用玻璃可分为碱玻璃和无碱玻璃,常温下玻璃有极好的绝缘性能,但温度升高后,绝缘明显下降。高频时绝缘也大幅下降。电工用玻璃一般经不住温度的急剧变化,并且抗压强度高于抗拉强度,抗弯能力更差。电工用玻璃一般用于制作绝缘子、灯泡、灯管、电真空器件等。

电工陶瓷以黏土、石英及长石为原料,经研磨、成型、干燥、焙烧等工序制成,可分为装置陶瓷、电容器陶瓷和多孔陶瓷,主要用于绝缘子、套管及电容器等设备。

云母种类很多,在绝缘材料中,主要用金云母和白云母。两种云母均具有良好的电气性能和力学性能、耐热性好、化学特性稳定、耐电晕、容易剥离加工成云母薄片。白云母电气性能好于金云母,但金云母柔软性、耐热性比白云母好。杂质和皱纹是云母剥片质量的重要标志。天然云母片经添加树脂、虫胶等胶黏剂后,可制成各种云母板,一般用于电机绝缘及电机换向器的绝缘。

石棉是一种矿产品,石棉具有保温、耐温、绝缘、耐酸碱、防腐蚀等特点,适用于高温条件下工作的电机、电器。长期接触石棉对人体有害,加工制作时要注意劳动保护。

### 1.2.3 磁性材料

#### (1)磁性材料的基本性能

磁性是物质的基本属性之一,表征物质导磁能力的物理量是磁导率。根据电工知识可知磁导率的大小等于磁感应强度与磁场强度的比值,为了方便,通常用相对磁导率(某物质的磁导率与真空磁导率之比)来表示导磁能力,它越大表明物质导磁能力越强。

按相对磁导率的大小可将物质分为弱磁性物质和强磁性物质。自然界中绝大多数物质磁性较弱,相对磁导率近似为1,属于弱磁性物质;而铁、镍、钴的磁性很强,相对磁导率可达几百甚至几万,属于强磁性物质又称为铁磁性物质。

应用极广的磁性材料就是指铁磁性物质。磁性材料是电气设备、电工及电子仪器仪表和电信等工业中的重要材料,它的产量、质量、使用量是衡量一个国家电气化水平的重要标志之一。磁性材料可分为软磁材料、硬磁材料和特殊磁材料三大类。

不同种类的磁性材料的磁特性是不一样的,磁性材料具有磁饱和性、磁滞性、各向异性、磁致伸缩等特性。工程上常用磁化曲线、磁滞回线以及退磁曲线等特性曲线来反映。

在磁场作用下,磁性材料会出现磁饱和现象。磁饱和是指当磁场强度增加到一定值后,磁感应强度将不再随之增加而出现的饱和现象,此时磁导率不是常数,即磁化曲线不是一条直线。

在交变的磁场作用下会出现磁滞现象,磁滞性是指磁性材料的磁感应强度的变化滞后于磁场强度的变化。由于磁滞的存在,当外磁场强度为零后,磁感应强度不为零,被称为剩磁感应强度(简称剩磁),若要消除剩磁,必须加一反向磁场,这个反向磁场强度的大小称为矫顽力。磁滞现象将引起磁滞损耗,磁滞损耗的大小与磁滞回线的面积成正比,它与涡流损耗合称为铁损。

影响磁性能的因素有很多,主要的因素是温度和频率。温度对磁性能的影响最显著,随着温度的升高,导磁能力将下降,当超过某一临界温度(即居里温度)后,磁性材料将失去磁性。磁性材料应工作在居里温度下,各种材料的居里温度各不相同,如铁为 770 ℃、镍为 358 ℃、钴为 1 137 ℃。居里温度的应用实例之一是家用电饭煲的温度控制。频率的变化对磁性能也有一定的影响。频率升高会使导磁性能下降,铁芯损耗增加。

此外,磁性材料的磁性能,不仅取决于其内部成分,还与机械加工的方法和热处理条件有关。在对金属磁性材料进行机械加工时会出现内应力,该应力能使材料的磁导率下降、矫顽力加大和损耗增加。为消除应力、恢复磁性,必须进行退火处理。

**(2)软磁材料**

软磁材料是指磁滞回线很窄、矫顽力不大于 1 000 A/m 的磁性材料,它具有磁导率高、剩磁和矫顽力低、容易磁化和去磁、磁滞损耗小等磁特征。在工程上主要用来减小磁路磁阻和增大磁通量,它适于制作传递、转换能量和电信号的磁性零部件或器件。通常分为金属软磁材料和铁氧体软磁材料两大类。金属软磁材料与铁氧体软磁材料相比,具有饱和磁感应强度高、矫顽力低、电阻率低等特点,其品种主要包括电工用纯铁、电工用纯钢片、铁镍合金、铁铝合金和铁钴合金等。

软磁材料选用时要考虑应用的场合。在强磁场下使用的材料应具有低的铁损和高的磁感应强度,如用作发电机、电力变压器、电机等电气设备的铁芯。在弱磁场下应具有高的磁导率和低的矫顽力等磁性能,如用作高灵敏度继电器、电工仪表、小功率变压器等电器中电磁元件铁芯材料。在高频条件下使用,除了具有磁导率高和矫顽力低之外,还应具有高的电阻率,以降低涡流损耗,如用作电视机中周变压器、调谐电感电抗器以及磁饱和放大器等的铁芯材料。此外,在某些特殊条件下使用的软磁材料,应满足其不同的特殊要求,如恒导磁材料要求在一定的磁感应强度范围内,材料的磁导率基本保持不变,可用作恒电感和脉冲变压器的铁芯材料。

电工用的纯铁是一种纯度在 98% 以上、含碳量不大于 0.04% 的软铁,它具有饱和磁感应强度高、磁导率高和矫顽力低等优良的软磁性能,可在恒定磁场中工作,但不适用于交流。它可分为原料纯铁、电子管纯铁和电磁纯铁 3 种。

电工用的硅钢片是一种含硅量为 0.5% ~ 4.8% 的铁铝合金板材和带材,它具有磁导率高、电阻率大、磁滞损耗小等特点,但饱和磁感应强度和热导率较低、脆性较大,适用作工频交流电磁器件,如变压器、互感器、继电器等的铁芯,是电工产品中应用最广,用量最大的磁性材料。按制造工艺可分为热轧和冷轧两种,按晶粒取向可分为取向硅钢片和无取向硅钢片两大类。

铁镍合金又称坡莫合金,具有起始磁导率和最大磁导率非常高、矫顽力低、低磁场下磁滞损耗相当低、电阻率大等特点,可用于制作在弱磁场工作的铁芯材料、磁屏障材料以及脉冲变压器材料等。

铁铝合金具有较高的起始磁导率和很高的电阻率,硬度高、耐磨性好、矫顽力低、磁滞损耗较低、抗振动、抗冲击、价格低等特性,但加工性能较差,主要用来制作弱磁场中工作的音频变压器、脉冲变压器、灵敏继电器等。

铁钴合金饱和磁感应强度很高,居里温度较高,但价格较高,常用于高温场合。

粉末软磁材料是用粉末冶金方法,经过压制、烧结、热处理等工艺制造而成,主要用于无线电、电信、电子计算机和微波技术等弱电技术中。常用的有软磁铁氧体、烧结铁及铁合金等。软磁铁氧体是一种非金属磁性材料,具有电阻率高、高频范围内磁导率高、磁损耗小等特点,特别适合高频和超高频领域中的应用。

### (3) 硬磁材料

硬磁材料是一种磁滞回线很宽,矫顽力大于 10 000 A/m 的铁磁材料,其特点是必须用较强的外磁场才能使其磁化,经强磁场磁化后,具有较高的剩磁和矫顽力,常制成永久磁铁,广泛用于磁电系测量仪表、扬声器及通信装置中。硬磁材料的种类也很多,按制造工艺和应用特点可分为铝镍钴合金、铁氧体硬磁材料、稀土钴硬磁材料和塑性变形永磁材料等。

铝镍钴合金组织结构稳定,剩磁较大,磁感应温度系数小,居里温度高,但材质较硬、脆,不易加工成型复杂、尺寸精密的磁体,是电机、电器、仪器仪表等工业中应用较多的永磁材料。按制造工艺可分为铸造铝镍钴合金和粉末烧结铝镍钴合金两类。

铁氧体硬磁材料属于非金属硬磁材料,具有矫顽力高、磁性和化学稳定性好、剩磁小、温度系数大、电阻率高、密度小、制作简单、价格便宜等特点,是目前产量最大、应用广泛的硬磁材料,在许多场合已逐渐替代了铝镍钴合金。常用于微电机、微波器件、磁疗片和拾音器、扬声器、电话机等电信器件。

稀土钴硬磁材料磁性能较高,但价格较贵,适宜制成微型或薄片状永磁体,主要用于微电机、传感器和磁性轴承等。塑性变形硬磁材料是一种金属硬磁材料,它经过适当的热处理之后,具有良好的塑性,易于进行机械加工,适用于对磁性和力学性能有特殊要求及形状的永磁体。

各种硬磁材料有不同的特点,在选用时通常要求最大磁能积要大,磁性温度系数要小,稳定性要高,同时还要考虑形状、质量、可加工性及价格等因素,此外在工作时尽量使其工作点接近最大磁能积点。

除了上述磁性材料外,还有许多具有特殊功能的磁性材料,常用的有恒导磁材料、磁温度补偿合金、非晶态磁性材料、磁记录材料、磁记忆材料及磁致伸缩材料等。

### 1.2.4 其他电工材料

除了电工三大材料之外,还有品种繁多的其他材料,电工、维修电工常用的有电杆、线管、钢材、钎料、胶黏剂、润滑剂等材料。

架空输电线路电杆有木质、钢筋水泥和铁塔3种,工矿企业常用钢筋水泥杆。低压线路的架设除了电杆外还有许多金属附件,主要还有角钢、工字钢、槽钢、扁钢、圆钢、钢板、钢绞线等,还有瓷绝缘子和瓷夹板。

使用线管的目的是保护穿越其中的绝缘导线不受外界的机械损伤。常用的有水煤气管、电线管、塑料管、金属软管、瓷管等。

电气接头常用的一种连接方法是钎焊连接。接头的好坏,钎料是关键,还需有相应的助钎剂、清洗剂,如助钎剂、清洗剂选用不当,将严重影响钎接质量。锡铅焊料应用最为广泛,常用于铜、铜合金、钢铁、镀锌铁皮等母材的钎接。

胶黏剂的功能是将同种或异种材料黏合在一起。胶黏剂由基料、固化剂、增塑剂、稀释剂、填料组成,常用的有环氧胶黏剂(俗称万能胶)、快干502胶黏剂等。选用胶黏剂要注意胶件的使用要求与胶黏剂性能相符,胶接的工艺过程要正确。

中小型电动机所用轴承大多是普通的滚动轴承。选用轴承的基本依据是承受负荷的大小和性质、转速的高低、支承刚度和结构状况。常见的电机轴承有向心球轴承、向心滚柱轴承、向心推力轴承和推力轴承等。

正确的润滑是电机和某些电器中机械正常工作所必需的条件。润滑剂包括润滑油、润滑脂和固体润滑剂3类。电机轴承常用的润滑脂(俗称黄油)是一种膏状物,由基础油、稠化剂、添加剂组成,选用时应根据电机的使用条件,选择针入度、滴点、工作温度、抗水性等参数,选出最合适的润滑脂。

## 1.3 常用电工仪表

本节的主要内容有万用表的使用、钳型电流表的使用、兆欧表的使用、三极管管脚的判别、晶闸管管脚的判别、正确区分三极管和晶闸管以及好坏的判别、三相异步电动机绕组首尾端的判别和绕组的三角形连接。

### 1.3.1　500 型指针式万用表

500 型万用表是测量交直流电压、电流、电阻的多功能仪表,用途十分广泛。

(1)技术性能和测量范围

直流电压:0~2 500 V

交流电压:0~2 500 V

直流电流:0~500 mA

电阻:0~2 MΩ

(2)面板结构

500 型万用表的面板结构如图1.8 所示。

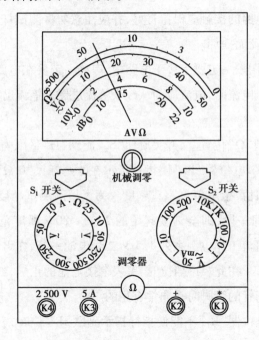

图 1.8　500 型万用表面板图

(3)万用表的使用

1)直流电压的测量

将测试表笔的短杆分别插在插口"K₁"和" K₂"内,注意:红表笔插在"K₂"插口,黑表笔插在"K₁"插口。转换开关旋钮"S₂"旋至"V̱"位置上,开关旋钮"S₁"旋至"V̱"2.5~500 V 中的相应量限位置上,再将测试表笔的长杆跨接在被测电路两端,当不能预计被测直流电压大约数值时,可将开关旋钮旋在最大量限(500 V)的位置上,然后根据指示值的大约数值,再选择适当的量限位置,使指针得到最大的偏转角度。

测量直流电压时,当指针向相反的方向偏转时,只需将测试杆的"+""−"极性互换即可。

读数就读取有"∽"符号的第二排刻度值,该刻度的满度值决定于测试时的直流电压挡位。

注意:测量直流电压时,红色表笔应插在"$K_2$"(即为"+"的)插孔内,黑色表笔应插在"$K_1$"(即为"-"的)插孔内,此时红表笔应接电压正极,黑表笔应接电压的负极。

2)交流电压的测量

将开关旋钮"$S_2$"旋至"$\underline{V}$"位置上,开关旋钮"$S_1$"旋至所欲测量电压相应的量限位置上,测量方法与直流电压测量相似。50 V 及 50 V 以上各量限的指示值见"∽"刻度,10 V 量限见"$10\underline{V}$"专用刻度。

3)直流电流的测量

将旋钮"$S_1$"旋至"$\underline{A}$"位置上,开关旋钮"$S_2$"旋到需要测量直流电流值相应的量限位置上,然后将测试杆串接在被测电路中,就可量出被测电路中的直流电流值。指示值见"∽"刻度。测量过程中仪表与电路的接触应保持良好,并应注意勿将测试杆直接跨接在直流电压的两端,以防止仪表因过负荷而损坏。

注意:测量电流时万用表一定要串接于电路中,串接一定要在电路中某点处断开,断开的两点接两只表笔。测直流电流时,电流应为从红表笔流进黑表笔流出。

4)电阻的测量

将开关旋钮"$S_1$"旋到"Ω"位置上,开关旋钮"$S_2$"旋到"Ω"量限内,先将两测试杆短接,使指针向满度偏转,然后调节电位器"$R_1$"使指针指示在欧姆标尺"0 Ω"位置上,再将测试杆分开进行测量未知电阻的阻值,指示值见"Ω"刻度。为了提高测试精度,指针所指示被测电阻的值尽可能指在刻度中间一段,即全刻度起始的 20% ~ 80% 弧度范围内。在 R×1,R×10,R×100,R×1K 量限所用直流工作电源系列 1.5 V 二号电池一节,在 R×1K 量限所用直流工作电源为 9 V 方块电池一节。在此"Ω"挡位时,黑表笔接电池的正极,红表笔接电池的负极,这一点对判别三极管和晶闸管的管脚时是非常有用的。

当短路测试杆调节电位器"$R_1$"不能使指针指示到欧姆零位时,表示电池电压不足,故应立刻更换新电池,以防止因电池腐蚀而影响其他零件。更换新电池时应注意电池极性,并与电池夹保持接触良好。

5)注意事项

为了测量时获得良好的效果及防止由于使用不慎而使仪表损坏,仪表在使用时,应遵守以下事项:

①仪表在测试时,不能旋转开关旋钮。

②当被测量值不能确定其大约数值时,应将量程转换开关旋在最大量限的位置上,然后再选择适当的量限,使指针得到最大的偏转。

③测量直流电流时,仪表应与被测电路串联,禁止将仪表直接跨接在被测电路的电压两

端,以防止仪表过负荷而损坏。

④测量电路中电阻阻值时,应将被测电路的电源切断,如果电路中有电容,应先将其放电后才能测量。切勿在电路带电的情况下测量电阻。

⑤仪表在携带时或每次用完后,最好将开关旋钮"$S_1$"和"$S_2$"均旋在"."位置上,防止因误操作进行测量而使仪表损坏。这也是使用仪表的起始挡置。

⑥仪表应经常保持清洁和干燥,以免影响准确度和损坏仪表。

### 1.3.2　MF47 型指针式万用表

目前,MF47 型指针式万用表使用较为普遍,下面介绍其面板结构和使用方法。

**(1)技术性能和测量范围**

直流电压:0~2 500 V

交流电压:0~2 500 V

直流电流:0~10 A

电阻:0~2 MΩ

**(2)面板结构**

MF47 型万用表面板结构和外形如图 1.9 所示,各开关和旋钮的作用如下:

图 1.9　MF47 型万用表面板结构和外形

①$S_1$ 为测量和量程选择开关,是一个多挡位的旋转开关,用来选择测量项目和量程。一般的万用表测量项目有:"mA"挡(直流电流)、"$\underline{V}$"挡(直流电压)、"$\underline{\vee}$"挡(交流电压)、"Ω"挡(电阻)。每个测量项目按被测量的大小又分为几个不同的量程以供选择。

②S$_2$为机械零点校正器,是一只校正表头机械零点的螺钉。当电表水平放置,若指针静止时不指在"0"点上,应调整这个螺钉,使指针指在"0"点上。

③S$_3$为欧姆挡零点调整电位器,用万用表测量电阻时,在"+""-"插口短路的情况下,依靠欧姆调整电位器进行满度(即零欧姆)校正。

④A,B,C,D 为测试表笔插接口,D 为一公共播接口,测量时插入黑色表笔,测量时将红色表笔插入 C 接口;当测量大于 1 000 V 的电压时将红表笔插入 A 接口,测量大于 500 mA 的电流时在 B 接口插入红色表笔。E 是用来测试晶体管 h$_{FE}$($\beta$)值的插座。

⑤F 为万用表的表盘。表盘上印有符号、刻度线和数值。符号 A-V-Ω 表示这只万用表是可以测量电流、电压和电阻的多用表,符号"–"或 "DC"表示直流," ~ "或"AC"表示交流,"⌒"表示交直流共用,与符号对应的刻度线和数值,指示测量项目的大小。如与"Ω"对应的电阻刻度线,其右端为零,左端为∞,刻度值分布不均匀,刻度线下的几行数字是与选择开关S$_1$的不同挡位相对应的刻度值。

**(3)使用方法**

指针式万用表在使用前首先检查指针是否指在机械零位上,如不指在零位时,可旋转 S$_2$调零螺钉使指针指在零位上,然后将红、黑表笔分别插入"+""-"插座中(如图 1.9 所示中 C,D 所指的位置)待用。

1)测量直流电流

将量程及项目选择开关 S$_1$拨至直流电流挡(mA),根据电路中电流的大小选择相应的量程,如不知电流大小,应选用最大量程。测量电流时,万用表应串联在被测电路中。断开电路相应部分,将万用表表笔接在断点的两端,红表笔应接在和电源正极相连的断点,黑表笔接在和电源负极相连的断点,最后从表盘刻度线上读出被测量的数值。

2)测量直流电压或交流电压

将量程及项目开关 S$_1$旋至万用表直流电压挡("⋁")或交流电压挡("⋁"),根据被测电压的大小选择量程,若不清楚电压大小,应先用最高电压挡测量,逐渐换用低电压挡。测电压时,万用表应与被测电路并联。若测直流电压,红表笔应接被测电路和电源正极相接处,黑表笔应接被测电路和电源负极相接处,最后从表盘刻度线上读出被测量的数值。

3)电阻的测量

测量电路中的电阻时,应先切断电源,如电路中有电容应先放电。将量程及项目开关 S$_1$旋至万用表电阻挡("Ω"),根据电阻大小选择适当量程,欧姆挡量程分别有×1,×10,×100,×1 k和×10 k 倍率挡。将两表笔短接,调整图 1.9 中 S$_3$所指的零欧姆调整电位器,使表头指针指在欧姆零点上,若指针无法调到零点,说明表内电池电压不足,应更换电池,然后分开表笔,用两表笔分别接触被测电阻两引脚进行测量,正确读出指针所指的数值,再乘以倍率(如×100

挡应乘100,×1 k挡应乘1 000)就是被测电阻的阻值。测量电阻时应注意选好量程,当指针指示于1/3~2/3满量程时测量精度较高,读数较为准确。测量时一般应使指针指在刻度线中心位置附近,若指针偏角较小,应换用阻值倍率较大的欧姆挡(如用×100挡测量电阻,若指针偏角较小就换用×1 k挡);若指针偏角较大,应换用阻值倍率较小的欧姆挡。每次换挡后,应再次调整欧姆挡零位调整旋钮,然后再测量。

测量电阻时注意不要用手指捏在电阻两端,否则人体电阻与被测电阻并联将会影响测量结果,尤其是对阻值大的电阻影响较大。

**(4)注意事项**

①在使用指针式万用表之前,应先进行"机械调零",即在没有进行测量时,使万用表指针指在零电压或零电流的位置上。

②在使用万用表过程中,不能用手去接触表笔的金属部分,这样一方面可以保证测量的准确;另一方面也可以保证人身安全。

③在测量某一电量时,不能在测量的同时换挡,尤其是在测量高电压或大电流时更应注意,否则,会使万用表损坏。如需换挡,应先断开表笔,换挡后再去测量。

④万用表在使用时,必须水平放置,以免造成误差。同时,还要注意避免外界磁场对万用表的影响。

⑤万用表使用完毕,应将转换开关置于交流电压的最大挡。如果长期不使用,还应将万用表内部的电池取出来,以免电池腐蚀表内其他器件。

### 1.3.3　钳型电流表

**(1)指针式钳型电流表**

指针式钳型电流表常见结构外形如图1.10所示。

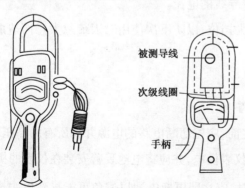
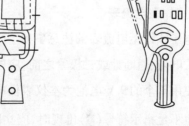

被测导线

次级线圈

手柄

图1.10　钳型电流表的外形

1)使用方法

钳型电流表的最基本使用是测量交流电流,虽然准确度较低(通常为 2.5 级或 5 级),但因在测量时无需切断电路,因而使用仍很广泛。如需进行直流电流的测量,则应选用交直流两用钳型电流表。

使用钳型电流表测量前,应先估计被测电流的大小以合理选择量程。使用钳型电流表时,被测载流导线应放在钳口内的中心位置,以减小误差;钳口的结合面应保持接触良好,若有明显噪声或表针振动厉害,可将钳口重新开合几次或转动手柄;在测量较大电流后,为减小剩磁对测量结果的影响,应立即测量较小电流,并把钳口开合数次;测量较小电流时,为使该数较准确,在条件允许的情况下,可将被测导线多绕几圈后再放进钳口进行测量(此时的实际电流值应为仪表的读数除以导线的圈数)。

使用时,将量程开关转到合适位置,手持胶木手柄,用食指和拇指压开铁芯开关弹簧,打开动铁芯。将被测导线从铁芯缺口引入到铁芯中央,然后放松食指,铁芯即自动闭合。被测导线的电流在铁芯中产生交变磁通,表内感应出电流,即可直接读数。

在较小空间内(如配电箱等)测量时,要防止因钳口的张开而引起相间短路。

2)注意事项

①使用前应检查外观是否良好,绝缘有无破损,手柄是否清洁、干燥。

②测量时应戴绝缘手套或干净的线手套,并注意保持安全间距。

③测量过程中不得切换挡位。

④钳型电流表只能用来测量低压系统的电流,被测线路的电压不能超过钳型电流表所规定的使用电压。

⑤每次测量只能钳入一根导线。

⑥若不是特别必要,一般不测量裸导线的电流。

⑦测量完毕应将量程开关置于最大挡位,以防下次使用时因疏忽大意而造成仪表的意外损坏。

**(2)电子式钳型电流表**

1)使用电子式钳型电流表的注意事项

①在测试电阻、通断性或二极管之前,应先切断电路的电源并将所有的高压电容放电。

②只可使用单个的 9 V 电池为本仪表供电,并应将电池妥善安装在仪表的机壳内。

③当电池不足指示符号(■)出现时,应立即更换电池以避免可能导致电击或人身伤害的错误读数。

④在使用前和使用后用一个已知的电源来检查本仪表的工作状况。

⑤维修时只能使用规定的替换零件。

2)符号说明

电子式钳型电流表的符号说明见表1.9。

表1.9 电子式钳型电流表符号说明

| 符 号 | 说 明 | 符 号 | 说 明 |
|---|---|---|---|
| ⚠ | 危险、重要的信息。参见操作手册 | ⏚ | 大地 |
| ⚡ | 危险的电压 | ∼ | 交流电压 |
| ⚡ | 允许在危险的、有电的导体上使用或移开 | --- | 直流电压 |
| ▣ | 双层绝缘 | 🔋 | 电池 |

3)电气性能技术指标

电子式钳型电流表的电气性能技术指标见表1.10。

表1.10 准确度技术指标定义为在(23±5)℃时的±(%读数+字)

| 功 能 | 量 程 | 分辨度 | 准确度(%读数+字) | |
|---|---|---|---|---|
| | | | 312 | 316 & 318 |
| AC 电流 (50~500 Hz) | 40.00 A | 0.01 A | 1.9% ±5 | 1.9% ±5(50~60 Hz) |
| | 400.0 A | 0.1 A | | |
| | 1 000 A | 1 A | | 2.5% ±5(60~500 Hz) |
| DC 电流 | 40.00 A | 0.01 A | | 2.5% ±10 |
| | 400.0 A | 0.1 A | | |
| | 1 000 A | 1 A | | |
| AC 电压 (50~500 Hz) | 400.0 V | 0.1 V | 1.2% ±5 | 1.5% ±5 |
| | 750 V | 1 V | | |
| DC 电压 | 400.0 V | 0.1 V | 0.75% ±2 | 1% ±2 |
| | 1 000 V | 1 V | | |

续表

| 功 能 | 量 程 | 分辨度 | 准确度(% 读数+字) | |
|---|---|---|---|---|
| | | | 312 | 316 & 318 |
| 电阻(Ω) | 400.0 Ω | 0.1 Ω | 1% ±3 | 1% ±3 |
| | 4 000 Ω | 1 Ω | | |
| 通断性 | 通时<50 Ω | | | |
| 二极管测试 | 达 2 V | | | |
| Min Max | 500ms acquisition time | | | |
| 输入阻抗 | 10 MΩ | | | |
| 自动关机 | (30±2)min 之后,在 MIN MAX 功能时关机,开机时可以选择关闭此功能(按住峰值按键) | | | |
| 自动量程 | 在下列测量功能时有效:电压和电阻(仅限 312 的电压功能) | | | |
| 过载保护 | 600 Vrms 按照 EN61010CATⅢ600 V | | | |

1. 温度系数:0.1×(规定的准确度)/℃(<18 ℃ 或>28 ℃)

2. AC 电压和 AC 电流真有效值准确度仅在量程的 5% ~100% 的范围内给出。40 A 和 400 A 量程的波峰系数(50 ~60 Hz)最大为 3.0,100 A 量程的波峰系数(50 ~60 Hz)最大为 1.4(仅限 318)

4)功能位置图

电子式钳型电流表功能位置图如图 1.11 所示,功能见表 1.11。

表 1.11　功能表

| ① | 电流检测卡钳 | ⑧ | V,Ω 输入端子 |
|---|---|---|---|
| ② | 峰值按键 | ⑨ | COM 端子 |
| ③ | 保持按键 | ⑩ | REL 按键 |
| ④ | 量程按键(只对 312 型) | ⑪ | 旋转功能开关 |
| ⑤ | ∼/⎓ AC/DC按键 | ⑫ | 卡钳开启板机 |
| ⑥ | MIN MAX 按键 | ⑬ | 导线对正标记 |
| ⑦ | LCD | | |

5)LCD 符号定义

LCD 显示面板如图 1.12 所示,LCD 符号的意义见表 1.12。

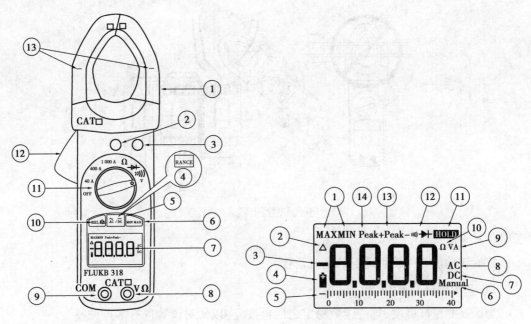

图 1.11 功能位置图    图 1.12 LCD 显示面板图

表 1.12 LCD 符号的意义

| ① | MAX 最大读数时显示<br>MIN 最小读数时显示 | ⑧ | AC 模式 |
|---|---|---|---|
| ① | 相对(△)模式有效 | ⑨ | V 伏特  A 安培 |
| ③ | 负读数 | ⑩ | Ω 欧姆 |
| ④ | 电池不足应予更换 | ⑪ | 选择保持功能 |
| ⑤ | 条图 | ⑫ | 选择二极管/通断性测试功能 |
| ⑥ | 手动量程模式 | ⑬ | 选择-峰值功能 |
| ⑦ | DC 模式 | ⑭ | 选择+峰值功能 |

6)进行测量

测量电流时,请用卡钳上的对齐标记将被测导线放在卡钳的中央。进行电流测量时,为避免受到电击请将测试线从仪表上取下,如图 1.13 所示。

①测量 AC 电流:

a. 将旋转功能开关旋到适当的电流量程。

b. 如果必要,按 AC/DC 按键,以测量 AC 电流。

c. 按压卡钳打开扳机以打开卡钳,将被测导线处于中间位置。

d. 观察 LCD 上的读数。

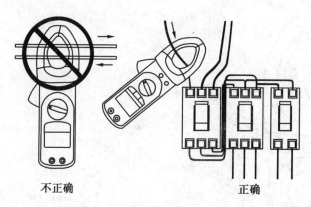

不正确　　　　　　　　　　正确

图 1.13　电子式钳型电流表的电流测量

②测量 DC 电流：

a. 将旋转功能开关旋到适当的电流量程。

b. 按 ⒶⒹ 按键以测量 DC 电流。

c. 为保证测量准确度，等待读数稳定之后再按 ⒭ᴇʟ△ 以便对读数进行零点调整。

d. 按压卡钳打开扳机以打开卡钳，将被测导线处于中间位置夹入卡钳。

e. 关闭卡钳并使用对正标记使导线处于中间位置。

f. 观察 LCD 上的读数。

③测量 AC 和 DC 电压：

a. 转动旋转功能开关至 V。

b. 按 ⒶⒹ 按键选择 AC 或 DC

c. 将黑色测试线连至 COM 端子，将红色测试线连至 VΩ 端子。

d. 用探头探触拟测试的电路测试点，以测量电压。

e. 观察 LCD 上的读数。测试接线如图 1.14 和图 1.15 所示。

④测量电阻。为了避免电击，在测量电路中的电阻时应确保切断电路的电源并将所有的电容放电。

a. 转动旋转功能开关至 Ω。切断被测电路的电源。

b. 将黑色测试线连至 COM 端子，将红色测试线连至 VΩ 端子。

c. 用探头探触拟测试的电路测试点，以测量电阻。

d. 观察 LCD 上的读数。

⑤测量通断性。为了避免电击，在测量电路中的通断时应确保切断电路的电源并将所有的电容放电。

a. 转动旋转功能开关至 ⇥⑴。切断被测电路的电源。

b. 将黑色测试线连至 COM 端子，将红色测试线连至 VΩ 端子。

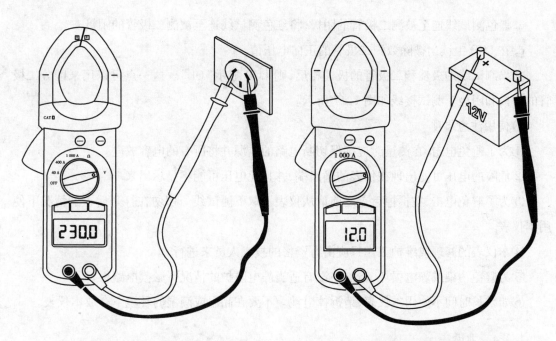

图 1.14　电子式钳型电流表的 AC 电压测量　　　图 1.15　电子式钳型电流表的 DC 电压测量

c. 将探头跨接在被测量的电路或元件上。如果电阻值低于 50 Ω，则蜂鸣器将连续鸣响，表明短路状态。如果仪表显示为 OL，则为开路。测试接线如图 1.16 所示。

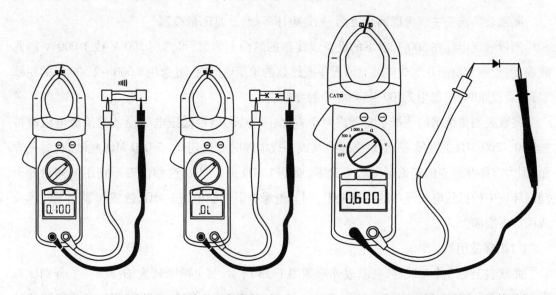

图 1.16　电子式钳型电流表的通断测量　　　图 1.17　电子式钳型电流表的二极管测度

⑥二极管测试。为了避免电击，在测量电路中的二极管时应确保切断电路的电源并将所有的电容放电。

a. 转动旋转功能开关至 ⏚ⅈ)))。切断被测电路的电源。

b. 将黑色测试线连至 COM 端子，将红色测试线连至 VΩ 端子。

c. 黑色测试线连至被测二极管的阴极,将红色测试线连至被测二极管的阳极。

d. 在 LCD 上读出被除数测二极管的正向电压值。

如果测试线的极性和二极管的极性相反,则 LCD 显示"OL"。这一点可以用来区分二极管的阳极和阴极。测试接线如图 1.17 所示。

7)使用注意事项

①为了避免电击,在测量时应确保切断电路的电源并将所有的电容放电。

②危险的电压可能出现在仪表的输出端,并且此电压可能不显示出来。

③为了避免电击,在拆掉后盖之前请从仪表上取下测试线。切勿在打开后盖的情况下使用本仪表。

④本仪表的修理或维护工作只应由有资格的技术人员来进行。

⑤为避免污染或静电损坏,请勿在没有适当静电防护的情况下触摸电路板。

⑥如果长时间不使用本仪表,请拆掉电池。不要在高温或潮湿的环境下存放本仪表。

### 1.3.4　兆欧表

#### (1)指针式兆欧表

1)选用

兆欧表的选用主要考虑两个方面:一是电压等级;二是测量范围。

测量额定电压在 500 V 以下的设备或线路的绝缘电阻时,可选用 500 V 或 1 000 V 的兆欧表;测量额定电压在 500 V 以上的设备或线路的绝缘电阻时,可选用 1 000 ~ 2 500 V 的兆欧表;测量瓷瓶时,应选用 2 500 ~ 5 000 V 的兆欧表。

兆欧表测量范围的选择主要考虑两个方面:一方面,测量低压电气设备的绝缘电阻时可选用 0 ~ 200 MΩ 的兆欧表,测量高压电气设备或电缆时可选用 0 ~ 2 000 MΩ 兆欧表;另一方面,因为有些兆欧表的起始刻度值不为零,而是 1 MΩ 或 2 MΩ,这种仪表不宜用来测量处于潮湿环境中的低压电气设备的绝缘电阻,因其绝缘电阻可能小于 1 MΩ,造成仪表上无法读数或读数不准确。

2)正确使用

兆欧表上有 3 个接线柱,兆欧表外形如图 1.18 所示,其上两个较大的接线柱上分别标有 E(接地)、L(线路),另一个较小的接线柱上标有 G(屏蔽)。其中,L 接被测设备或线路的导体部分,E 接被测设备或线路的外壳或大地,G 接被测对象的屏蔽环(如电缆壳芯之间的绝缘层上)或不需测量的部分。兆欧表的常见接线方法如图 1.19 所示。

①测量前,要先切断被测设备或线路的电源,并将其导电部分对地进行充分放电。用兆欧表测量过的电气设备,也需进行接地放电,才可再次测量或使用。

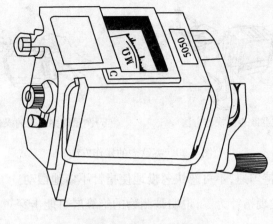

图 1.18 兆欧表外形

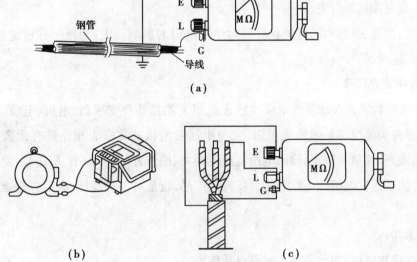

图 1.19 兆欧表的接线方法

②测量前,要先检查仪表是否完好:将接线柱 L,E 分开,由慢到快摇动手柄约 1 min,使兆欧表内发电机转速稳定(约 120 r/min),指针应指在"∞"处;再将 L,E 短接,缓慢摇动手柄,指针应指在"0"处。

③测量时,兆欧表应水平放置平稳。测量过程中,不可用手去触及被测物的测量部分,以防触电。

兆欧表的操作方法如图 1.20 所示。

3)注意事项

①仪表与被测物间的连接导线应采用绝缘良好的多股铜芯软线,而不能用双股绝缘线或绞线,且连接线间不得绞在一起,以免造成测量数据不准。

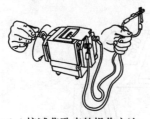

(a)校试兆欧表的操作方法　　　　(b)测量时兆欧表的操作方法

图 1.20　兆欧表的操作方法

②手摇发电机要保持匀速,不可忽快忽慢地使指针不停地摆动。

③测量过程中,若发现指针为零,说明被测物的绝缘层可能击穿短路,此时应停止继续摇动手柄。

④测量具有大电容的设备时,读数后不得立即停止摇动手柄,否则已充电的电容将对兆欧表放电,有可能烧坏仪表。

⑤温度、湿度、被测物的有关状况等对绝缘电阻的影响较大,为便于分析比较,记录数据时应反映上述情况。

**(2)数字式兆欧表**

PC32 系列数字式自动量程绝缘兆欧表适用于测量各种变压器、电机、电缆、电气设备及家用电器等各类绝缘材料的绝缘电阻,它与手摇发电机式兆欧表相比具有读数直观迅速准确,测量精度高、测量范围宽、输出电压恒压范围大、操作方便、体积小、质量轻、使用寿命长等特点,是传统手摇发电机式兆欧表的更新换代产品,也是对各种高压、高阻进行准确测量的理想产品。

1)技术指标

①自动量程转换,四挡量限小数点自动切换。

②最大显示值 1 999(即 3.1/2 位),超量程首位显示"1"。

③电池电压不足显示"←"。

④PC32 系列各型号数字式兆欧表主要技术性能见表 1.13。

表 1.13　PC32 系列各型号数字式兆欧表主要技术性能

| 型　号 | PC32-1-4 | | PC32-5 | PC32-6 | PC32-S |
|---|---|---|---|---|---|
| 额定电压 V | −1 | 100　　250 | 1 000,2 500 | 2 500,5 000 | 100,250,500,1 000 |
| | −2 | 250　　500 | | | |
| | −3 | 500　　1 000 | | | |
| | −4 | 1 000　　2 500 | | | |

续表

| 型 号 | PC32-1-4 | PC32-5 | PC32-6 | PC32-S |
|---|---|---|---|---|
| 测量范围及误差 | 0.2–1 000 MΩ<br>±1%+2 d<br>1 001–1 999 MΩ<br>±2%+2d | 2–10 000 MΩ<br>±1%+2 d<br>10 010–19 990 MΩ<br>±2%+2 d | 20–100 000 MΩ<br>±2%+2 d<br>100 100–199 900 MΩ<br>±5%+2 d | 0.2–1 999 MΩ<br>±2%+2 d |
| 交流电压 | 750 V±2%+2 d | | | |
| 外形尺寸 | 185 mm×86 mm×46 mm | | | 195 mm×75 mm×24 mm |
| 电源 | R6×8 12 V 或专用供电电源 | | | 6F22 9 V |
| 操作方式 | 台式 | | | 手持式 |
| 质量 | 约500 g | | | 约280 g |

⑤使用条件:温度 0～40 ℃湿度<80% RH

⑥绝缘电阻:≥50 MΩ(1 000 V)

⑦工作电压:额定电压±5%

⑧耐压:AC 2 kV(3 kV)50 Hz 1 s

2)工作原理

①绝缘电阻测量工作原理如图1.21 所示。

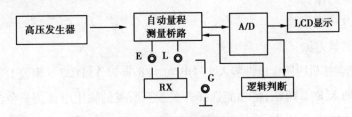

图1.21 绝缘电阻测量原理

②交流电压测量原理如图1.22 所示。

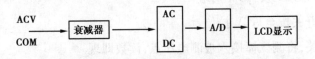

图1.22 交流电压测量原理

3)面板结构

两种数字式兆欧表面板结构如图1.23 所示,各部分名称见表1.14。

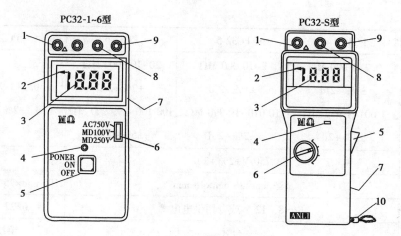

图 1.23  两种数字式兆欧表面板结构

**表 1.14  面板结构名称表**

| 序  号 | 名  称 | 序  号 | 名  称 |
|---|---|---|---|
| 1 | L 端(线路) | 6 | 功能选择开关 |
| 2 | 欠压指示符号 | 7 | 电池盒(背面) |
| 3 | 液晶显示屏 | 8 | G 端(屏蔽) |
| 4 | 电源指示 | 9 | E 端(接地) |
| 5 | 电源开关 | 10 | 提绳 |

4)使用方法及注意事项

①绝缘电阻测量方法:

a.打开电池盒盖按机内所标极性装入 5 号电池,共 8 节 12 V(PC32-S 型装 1 节 6F22  9 V)。

b.将测试棒插入 E,L 两端,将功能选择开关拨至所需的输出电压测量范围挡位。

c.将测试棒连接测试点,打开电源开关读数即现。

②交流电压测量方法(PC32-5 无此功能)

a.将测试棒插入 ACV 及 COM 两端。

b.将功能选择开关拨至 ACV 挡位。

c.打开电源开关,将测试棒接入被测电压点,读数即现。

③注意事项

a.绝缘电阻测量时,测试棒必须插在 E,L 之中,但切忌两测试棒短接,否则极可能在短路状态下大量消耗电池电能,甚至造成仪表损坏,交流电压测量时必须插在 ACV 及 COM 之中,不能搞错。

b.测量时如果显示屏上出现"←"图样,说明电池电压过低,必须更换电池或对充电电池充电。

c.测量完毕,应马上断开电源,以免空耗电池;如长期不用,应取出电池另放。推荐使用高性能铁壳电池或镉镍充电电池,以避免纸壳电池漏液腐蚀机件。

d.本仪表具有自动量程切换功能,打开电源后仪表自动从 2 M 挡开始向上切换为 20 M,200 M,直至仪表的最高量程 1 999 M 为止,以保证测量结果的高精度与高分辨力。被测绝缘电阻大于 1 999 M 时,仪器显示值为"1"。PC32-5 绝缘电阻为显示值乘以 10,PC32-6 绝缘电阻为显示值乘以 100。

e.在测量绝缘良好的电器产品时,随着测试时间的增加,其绝缘电阻会渐渐上升,这是由于绝缘材料具有介质吸收效应的缘故。测量 60 s 后的电阻值(R60)与 15 s 时的阻值(R15)之比(R60/R15)称为"吸收比",是判定器件绝缘良好与否的重要标志。本仪表具有高精度、高分辨率及输出恒压的特性,特别适合于器件绝缘电阻吸收比的测量。

f.仪表应避免在高温、高湿的环境下存放与使用。在环境湿度较高时为了减少器件表面泄漏电流的影响,可在被测器件上加保护环,并将该导体保护环连接到仪表的 G 端子上。

g.PC32 系列数字绝缘电阻表对具有较大分布电容的电力设备进行绝缘安全测量时,由于设备容性分量的吸收作用,有可能出现被测量显示值的末位数或末两位数会在某一范围内周期性跳动,用户可根据其变化范围取其算术平均值,作为该设备的绝缘电阻值。

### 1.3.5　功率表

#### (1)单相功率表

D26 型仪表是一种电动系可携式仪表,如图 1.24 所示,可测量直流及交流(50 Hz)电路中电流、电压和有功功率。

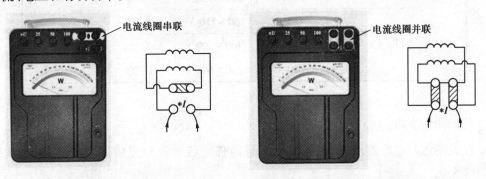

(a)电流线圈串联形式　　　　　　　(b)电流线圈并联形式

图 1.24　D26 型仪表

①该表准确度等级为 0.5 级。瓦特表额定功率因数$\cos \varphi = 1$。基本技术特性见表 1.15。

表1.15  测量范围

| 仪表名称 | 测量范围 | 测量上限 | 有效使用范围 | 直流电阻/Ω | 电感/mH |
|---|---|---|---|---|---|
| 毫安表 | 150~300 mA | 150 mA | 50~150 mA | 130 | 240 |
| | | 300 mA | 100~300 mA | 31 | 58 |
| | 250~500 mA | 250 mA | 75~250 mA | 55 | 90 |
| | | 500 mA | 150~500 mA | 16 | 23 |
| 安培表 | 0.5~1 A | 0.5 A | 0.15~0.5 A | 14.5 | 23 |
| | | 1 A | 0.3~1 A | 4.25 | 5.4 |
| | 1~2 A | 1 A | 0.3~1 A | 3.5 | 5 |
| | | 2 A | 0.6~2 A | 1.2 | 1.25 |
| | 2.5~5 A | 2.5 A | 0.75~2.5 A | 0.78 | 1 |
| | | 5 A | 1.5~5 A | 0.3 | 0.23 |
| | 5~10 A | 5 A | 1.5~5 A | 0.32 | 0.23 |
| | | 10 A | 3~10 A | 0.14 | 0.06 |
| | 10~20 A | 10 A | 3~10 A | 0.16 | 0.06 |
| | | 20 A | 6~20 A | 0.065 | 0.18 |
| 伏特表 | 75/150/300 V | 75 V | 25~75 V | 1 250 | |
| | | 150 V | 50~150 V | 2 500 | |
| | | 300 V | 100~300 V | 5 000 | |
| | 125/250/500 V | 125 V | 37.5~125 V | 3 125 | |
| | | 520 V | 75~250 V | 6 250 | |
| | | 500 V | 150~500 V | 12 500 | |
| | 150/300/600 V | 150 V | 50~150 V | 3 750 | |
| | | 300 V | 100~300 V | 7 500 | |
| | | 600 V | 200~600 V | 15 000 | |

②使用注意事项：

a.仪表使用时应放置水平位置,尽可能远离强电流导线和强磁性物质,以免增加仪表误差。

b.仪表指针如不在零位上,可利用表盖上的零调器将指针调至零位上。

c.根据所需测量范围按如图1.25所示将仪表接入线路,在通电前必须对线路中的电流或电压大小有所估计,避免过高超载,以免仪表遭到损坏。

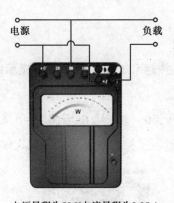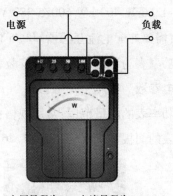

电压量程为50 V电流量程为0.25 A      电压量程为50 V电流量程为0.5 A

（a）电流线圈串联使用        （b）电流线圈并联使用

图 1.25 用功率表测量电功率

d. 瓦特表测量时如遇仪表指针反方向偏转时,应改变换向开关的极性。可使指针正方向偏转,切忌互换电压接线,以免使仪表产生附加误差。

③瓦特表的指示值按下式计算:

$$P = Ca(\text{瓦特})$$

式中,$P$ 为功率;$C$ 为仪表常数,也即刻每小格所代表的瓦特数,见表 1.16;$a$ 为仪表偏转时指示格数。

表 1.16 瓦特表每小格所代表的瓦特数

| 额定电流 /A | 额定电压/V | | | | | | |
|---|---|---|---|---|---|---|---|
| | 75 | 150 | 300 | 600 | 125 | 250 | 500 |
| 0.5 | 0.25 | 0.5 | 1 | 2 | 0.5 | 1 | 2 |
| 1 | 0.5 | 1 | 2 | 4 | 1 | 2 | 4 |
| 2 | 1 | 2 | 4 | 8 | 2 | 4 | 8 |
| 2.5 | 1.25 | 2.5 | 5 | 10 | 2.5 | 5 | 10 |
| 5 | 2.5 | 5 | 10 | 20 | 5 | 10 | 20 |
| 10 | 5 | 10 | 20 | 40 | 10 | 20 | 40 |
| 20 | 10 | 20 | 40 | 80 | 20 | 40 | 80 |

（2）三相功率表

名称:三相有功功率表

型号规格:42L6-W 400 kW 600/5 380 V

使用方法:需要外配电流互感器600/5 使用

三相有功功率表为磁电系,适用于安装在各控制系统和配电系统的显示面板和大型开关板上指示相关电参数。

三相有功功率表的测量范围:常用规格:电压,50 ~ 380 V,电流,0.2 ~ 5 A。

三相功率表的面板和接线柱,如图1.26 所示。三相功率表的接线方式如图1.27 所示。

(a)三相功率表面板　　　　(b)三相功率表接线柱

图1.26　三相功率表

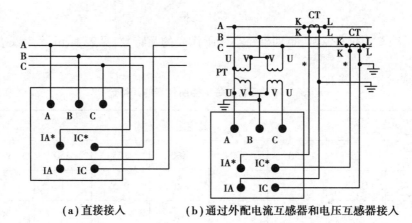

(a)直接接入　　　　(b)通过外配电流互感器和电压互感器接入

图1.27　三相功率表的接线方式

# 1.4　基本测量

### 1.4.1　用万用表测试三极管

**(1)先判断基极及管子类型**

测试时用黑表笔接任一管脚,红表笔分别与另两脚相接,测量其阻值,若阻值一大一小,则应把黑表笔所接的管脚换一个,再继续用上述方法进行测试,直到两个阻值均很小(或很大),则黑表笔所指的就是基极(B),若用黑表笔接基极测出的阻值均很小,则该三极管为NPN型,若用黑表笔接基极测出的阻值均很大,则该三极管为PNP型。

**(2)再判断集电极和发射极**

假定余下的两脚中的一个极为集电极,对NPN型三极管应将黑表笔接假定的集电极,红表笔接发射极,用手捏住基极与假定的集电极,记录指针偏转位置;把假设反过来再进行一次,也记录指针偏转位置。比较两次结果,偏转大的(即读数小的)那次假定是正确的,黑表笔所接的即为集电极(C),红表笔所接即为发射极(E)。如图1.28(a)所示为NPN型三极管正确的放大情况。对PNP型三极管则应将黑表笔接发射极,红表笔接集电极,用手捏住基极与假定的集电极,记录指针偏转位置;把假设反过来再进行一次,也记录指针偏转位置。比较两次结果,偏转大的(即读数小的)那次假定是正确的,此时,黑表笔所接的即为E极,红表笔所接即为C极。如图1.28(c)所示为PNP型三极管正确的放大情况。

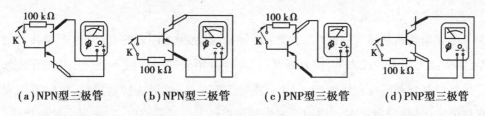

(a)NPN型三极管  (b)NPN型三极管  (c)PNP型三极管  (d)PNP型三极管

图1.28 三极管的E和C的判别

### 1.4.2 用万用表测试晶闸管

**(1)晶闸管工作情况说明**

晶闸管又叫可控硅,是一个四层三端半导体元件,有3个PN结,3个电极分别称为阳极A、阴极C和控制极G(又称门极),其工作情况为在阳极A和阴极C之间加反向电压(阳极接电源负极、阴极接电源正极),晶闸管是不会导通的。在控制极G开路时,在阳极A和阴极C之间加正向电压(阳极接电源正极、阴极接电源负极),晶闸管仍不导通,如果给控制极一个正向电流,即使在阳极和阴极之间加有很小的正向电压,晶闸管也可导通。在导通以后不仅阳极电流可以很大、压降很小,而且和控制极电流无关,也就是说在晶闸管导通以后,不再给控制极正向电流了,晶闸管仍然维持导通状态。

由上可知要检验晶闸管的好坏,应该对以下4点进行检查:①3个结是好的。②晶闸管在反向电压下能够阻断,不导通。③在控制极开路时,晶闸管在正向电压下也不导通。④如果控制极加上了正电流,晶闸管在正向电压下可以导通,撤去控制极电流仍能维持导通。

**(2)晶闸管的管脚判断**

用万用表的R×100(或R×10)挡,分别测量3个管脚,只有控制极和阴极之间呈单向导电性,由此可确定控制极和阴极,即在几次测量中,有一次万用表指针偏转为小电阻时,接红表笔的是阴极,接黑表笔的是控制极,余下的一个管脚是阳极。

**(3)晶闸管好坏的判断**

在测量晶闸管的极间电阻时,如果电阻值很小,并用低阻挡 R×1(或 R×10),再测量仍极小,表示 PN 结已击穿,管子是坏的。如果管子是好的再改用 R×1K(或 R×10K)挡进行测量,阻值应很高。阳极和阴极之间的正向电阻值,即阳极接黑表笔、阴极接红表笔时的阻值,反映晶闸管正向阻断情况,阻值越大,表示正向漏电流越小,也就越好。阳极和阴极之间的反向电阻值,反映反向阻断情况,阻值大,反向漏电流越小,越好。

测量控制极和阴极之间的电阻,以用 R×10(或 R×100)挡为宜。如果正向电阻(控制极接黑表笔,阴极接红表笔)很大,接近∞大,表示控制极和阴极之间的 PN 结已经烧毁,管子是坏的。如果反向电阻(控制极接红表笔,阴极接黑表笔)很小,接近 0,表示控制极和阴极之间的 PN 结已经短路,管子也是坏的。但有些晶闸管的控制极和阴极之间反向电阻并不大(约为10 Ω),是正常的。

为了可靠地判断晶闸管的好坏,还需进行导通试验:用万用表的 R×1 挡,阳极接万用表的黑表笔,阴极接万用表的红表笔,控制极开路,此时万用表的指针应不动(正向阻断状态),再用一导线将控制极和阳极直接短接,万用表指针应有偏转,然后去掉短接线,此时万用表指针仍应保持偏转(维持导通状态),说明晶闸管是可以触发导通的好管子,如果去掉短接线后,万用表指针不能保持偏转状态而指针回到零,说明晶闸管不能触发导通的坏管子。判断小功率晶闸管好坏的步骤方法如图 1.29 所示。

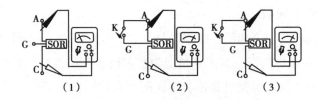

图 1.29　判断小功率晶闸管好坏的步骤

注意:由于这种实验,只用万用表的 R×1 挡作电源,电压低,电流小,并不是所有好管都能导通。这种方法对小功率管是有效的,对大功率的管子应采用其他办法进行实验。

### 1.4.3　三极管和晶闸管的主要区别

三极管和小功率晶闸管在外形上基本相同,但因三极管有两个 PN 结,晶闸管有 3 个 PN 结,所以测量 3 个电极时,极间电阻值是不同的,一只坏的三极管,如集电极或发射极断路时,其测量的结果和晶闸管极间电阻值非常相似,这一点在测量时应特别注意,唯一的区分就是晶闸管可触发导通,对坏三极管则无此现象。管脚是断路或开路时,常采用以下办法确定:对断路,可用万用表的最高挡进行判断,指针仍指示为无穷大,表明电路为断路;对短路,可用R×1挡,并调零,测量时如果指针仍为零,则可确定为短路。

注意:用万用表进行电阻的测量时,每变换一次量程均要进行调零。

### 1.4.4 三相异步电动机定子绕组首尾端的判断

用万用表判断三相异步电动机定子绕组的首尾端,首先使用万用表的欧姆挡测量6个端头,区分出哪两个端头是一个绕组,并作好记号。然后利用干电池和万用表的毫安挡(一般用50 μA挡)进行测量,方法如下:

把一个绕组的一端接万用表红表笔,另一端接黑表笔,取另一个绕组的一端接干电池负极,拿住另一端迅速碰触电池的正极,如万用表指针偏向大于零的一边(即正偏),则电池正极所接线头(即手拿一端)与万用表黑表笔所接线头为同名端;如万用表指针偏向小于零的一边(即反偏),则电池正极所接线头(即手拿一端)与万用表的红表笔所接线头为同名端。再将电池接到另一相绕组的两个端头进行试验,就可以确定各相的首尾端(即同名端)。

总结为:正偏正打结、反偏负打结、万用表黑表笔打结。3个结即为同名端。

检查首尾端判断的正确性,将3个绕组接成三角形(一个绕组打结的端和另一绕组不打结的端相接),并将万用表(50 μA挡)毫安挡串入联成的回路,转动电动机转子,如万用表指针不动,则说明电动机绕组首尾端连接是正确的,如万用表指针摆动,说明电动机绕组首尾端判断错误或三角形连接错误,应该重新进行测量或连接。

注意:三相异步电动机定子绕组的首尾端判断和变压器绕组的首尾端判断结果是不同的。如用变压器绕组首尾端的判断方法,则结果完全和上述的判断结果相反。因电动机的三相感应电动势在相位上互差120°,所以和变压器结果不同。

三相异步电动机定子绕组首尾端判别步骤如下:

①用万用表欧姆挡,区分电动机绕组并作好记号。

②用电池和万用表的微安挡,判别3个绕组的首尾端。

③将电动机绕组连接成三角形,并串接微安表(万用表的微安挡)验证结果的正确性。

④拆开三相电动机绕组的6个线头,万用表置于正确挡位。

### 1.4.5 三相电功率的测量

三相电功率的测量方法有多种因素,这里仅介绍三相对称负载时的测量。

**(1)一表法**

用一个单相功率表测得一相功率,然后乘以3即得三相负载的总功率。测量电路如图

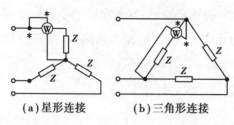

（a）星形连接    （b）三角形连接

图1.30　一表法测量三相电功率

1.30所示。

**（2）二表法**

用两只单相功率表来测量三相功率,三相总功率为两个功率表的读数之和。若负载功率因数小于0.5,则其中一个功率表的读数为负,会使这个功率表的指针反转。为了避免指针反转,需将其电压线圈或电流线圈反接,这时三相总功率为两个功率表的读数之差。测量电路如图1.31所示。

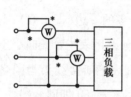

图1.31　二表法测量三相电功率

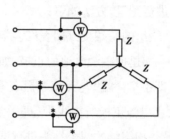

图1.32　一表法测量三相电功率

**（3）三表法**

用3只单相功率表来测量三相功率,三相总功率为3个功率表的读数之和,测量电路如图1.32所示。

**（4）三相功率表直接测量三相电功率**

使用三相电功率表直接测量三相电功率,测量电路如图1.27所示。

# 第**2**章
# 常用控制线路安装

本章主要介绍控制线路中的基本元件,常用电器的结构、图形和文字符号。介绍4种手动控制线路和两种自动控制线路的工作原理、控制线路安装的步骤。学生应结合自己的特点,多进行接线练习,对每一个控制线路均应达到要求;一是质量要求;二是时间上的要求;三是对安装板元件布置图要熟悉。接线时应注意接线的先后顺序。

## 2.1　常用电器元件

### 2.1.1　线路安装板

控制线路的安装是在安装板上进行的,安装板上面装有3个接触器KM,1个热继电器FR,1个时间继电器KT,3个熔断器FU和1个三联按钮盒,接线排XL用于线路和按钮盒之间的连接,一切导线都应进入行线槽。各电气元件、线排、行线槽均已固定在安装板上,安装线路板各元件的布置如图2.1所示。

### 2.1.2　三联按钮

按钮通常用来接通或断开控制电路(其中电流很小),从而控制电动机或其他电气设备的运行,它是一种结构简单、应用广泛的主令电器,在低压控制电路中,用于发布手动控制指令。按钮的图形和文字符号如图2.2所示。安装板中安装有一个三联按钮,每个按钮都有一对动合(常开)触头和一对动断(常闭)触头,因此每个按钮都可用于启动按钮和停止按钮。根据

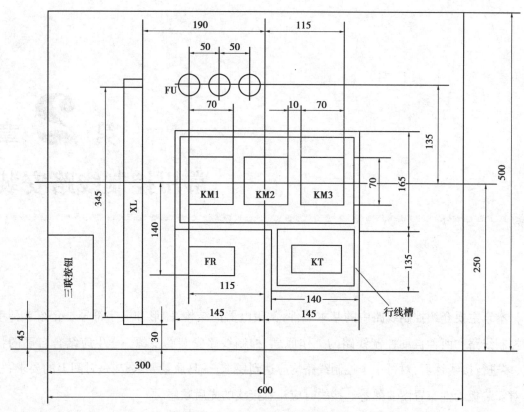

图 2.1　安装线路板元件布置图

按钮帽的颜色,在控制线路中一般选用红色作为停止按钮,绿色作为启动按钮,黑色作其他按钮。三联按钮的外形和内部结构如图 2.3 所示。注意每个按钮的动合触头和动断触头,图中只标注了一个按钮的动合触头和动断触头,另外两个按钮与之相同。

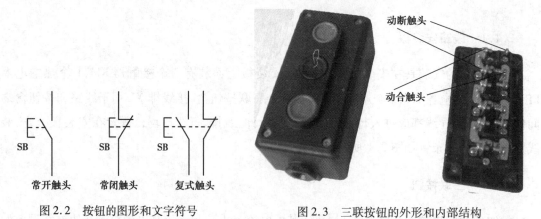

图 2.2　按钮的图形和文字符号　　　　图 2.3　三联按钮的外形和内部结构

### 2.1.3　交流接触器

交流接触器是用来频繁地远距离接通和切断主电路或大容量控制电路的控制电器,但它本身不能切断短路电流和过负荷电流。

交流接触器的电路符号如图 2.4 所示。

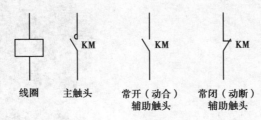

图 2.4  接触器的电气符号

安装板中装有 3 个继电器,实际上用继电器代替接触器,继电器与接触器的区别在于继电器没有主触头,因此在安装过程中,需要指定 3 对触头作为主触头。目前常用的继电器有 CJ10-10 和 CJX2-1210,结构外形如图 2.5 所示。

（a）CJ10-10继电器　　　　（b）CJX2-1210继电器

图 2.5  CJ10-10 和 CJX2-1210 继电器的外形

对于 CJ10-10 继电器,一般选下方常开(动合)触头,1,3,5 三对作主触头,2 和 4 两对作辅助触头;其上方两对为常闭(动断)辅助触头。对于 CJX2-1210 系列,下方有 4 对常开(动合)触头,一般选用 1,2,3 为主触头;辅助触头常用扩展触头,置于接于接触器的上方,扩展触头外形如图 2.6 所示,一般两边各一对为常开(动合)触头,中间两对为常闭(动断)触头。

### 2.1.4  热继电器

图 2.6  扩展触头的外形

热继电器是利用感温元件受热而动作的一种继电器,它主要用来保护电动机或其他负载免于过载以及三相电动机的缺相运行。

热继电器的图形及文字符号如图 2.7 所示。

安装板上装有 JR36-10 热继电器,其外形如图 2.8 所示,图中 2/T1,4/T2,6T3 为 3 个发热元件的接入端,使用时应将发热元件串联在主电路中。95-96 为热继电器的常闭(动断)触头,97-98 为常开(动合)触头。

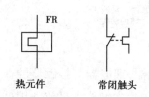

图 2.7　热继电器的图形及文字符号

图 2.8　JR36-10 热继电器外形

### 2.1.5　时间继电器

时间继电器分通电延时时间继电器和断电延时时间继电器,它们的图形符号和文字符号如图 2.9 所示。

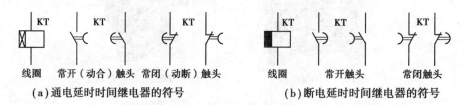

（a）通电延时时间继电器的符号　　　　　　（b）断电延时时间继电器的符号

图 2.9　时间继电器的符号

安装板上装有 JS7-2A 型时间继电器,其中有一对延时常开(动合)触头和一对延时常闭(动断)触头以及一对瞬时常开(动合)和一对瞬时常闭(动断)触头,还有线圈的两个接入点,如图 2.10 所示。

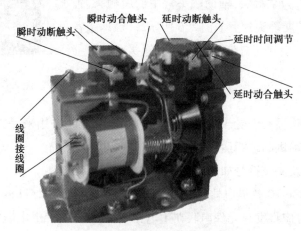

图 2.10　JS7-2A 时间继电器外形

### 2.1.6　熔断器

日常见到的保险丝是最简单的熔断器,熔断器用以切断线路的过载和短路故障。它串联在被保护的线路中,正常工作时如同一根导线,起通路作用,当线路过载或短路时,由于大电流很快将熔断器的熔丝熔断,起到保护电路上其他电器设备的作用。

安装板上装有 3 个插入式熔断器,作为进线的保护电器。插入式熔断器外形结构如图 2.11 所示。

图 2.11　插入式熔断器

图 2.12　接线排的外形

### 2.1.7　接线排

接线排是连接控制电路板和外围电气设备的桥梁,在机床电气设备上都设有接线排。安装线路板上也装有接线排,方便学生实习安装时进行接线。接线排的外形如图 2.12 所示。

安装时应注意,如果使用软导线安装,最左边的接线排和中间的接线排应使用接线针,而最右边的接线排应使用接线叉。如果使用硬导线安装,最左边的接线排和中间的接线排则可将硬导线直接插入连接,最右边的接线排则应将导线做成羊眼圈,放在垫片下,再用螺丝压紧。

### 2.1.8　组合开关

组合开关实质上也是一种特殊的刀开关,与刀开关的操作不同,它是在平行于安装面的平面内向左或向右转动操作。在电气控制线路中,组合开关常被作为电源的引入开关,也可以用作不频繁地接通和断开电路、切换电源和负载,用以控制 5 kW 以下的小容量电动机的正反转和星形—三角形启动等。组合开关的图形和文字符号如图 2.13 所示。

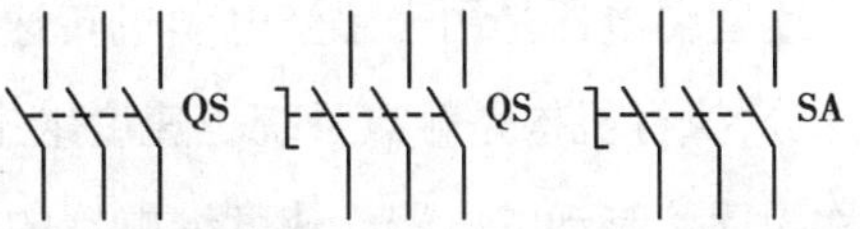

(a)用作电源开关　(b)用作控制开关

图 2.13　组合开关的图形和文字

组合开关主要根据电源种类、电压等级、工作电流、使用场合的具体环境条件等来进行选择。组合开关的结构如图 2.14 所示。

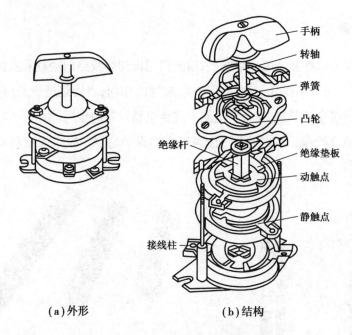

（a）外形　　　　　　　　　　　（b）结构

图 2.14　组合开关的结构图

### 2.1.9　速度继电器

速度继电器的结构图及图形文字符号如图 2.15 所示。

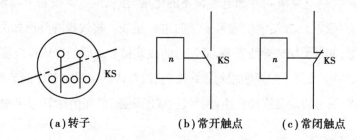

（a）转子　　　　　　（b）常开触点　　　　　（c）常闭触点

图 2.15　速度继电器的图形和文字符号

速度继电器是用来感受电动机转速和转向的电器。它感受部分主要包括转子和定子两大部分,执行机构是触点系统。速度继电器主要用作鼠笼式异步电动机的反接制动控制中,故称为反接制动继电器。速度继电器的工作原理示意图如图 2.16 所示。

速度继电器转子的轴与被控电动机的轴相连接,而速度继电器的定子套在转子上。当电动机转动时,速度继电器的转子随之转动,定子内的短路导体便切割磁场,产生感应电动势,从而产生电流。此电流与旋转的转子磁场作用产生转矩,于是定子开始转动。当转到一定角度时,装在定子上的摆锤推动簧片动作,使常闭触点分断,常开触点闭合。当电动机转速低于某一转速值时,定子产生的转矩减小,触点在弹簧作用下复位。

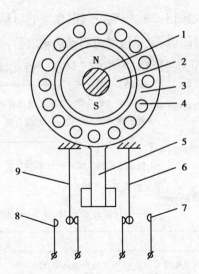

图 2.16　速度继电器的工作原理示意图

1—转轴;2—转子;3—定子;4—绕组;5—摆锤;6、9—簧片;7、8—静触点

## 2.2　常用安装线路的工作原理

### 2.2.1　手动星三角控制线路(一)

电路图如图 2.17 所示,该电路的主电路:$KM_1$ 和 $KM_3$ 闭合时,电动机作星形连接,$KM_1$ 和 $KM_2$ 闭合时,电动机作角形连接,且具有过载保护。

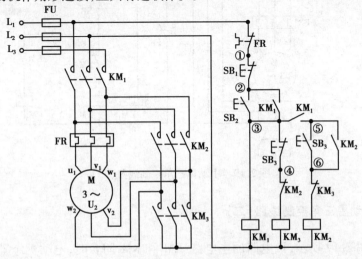

图 2.17　手动星三角控制线路(一)

SB₁为停止按钮,SB₂为启动按钮,SB₃为转换按钮,电路的启动顺序为:先按启动按钮 SB₂,电动机作星形连接启动;经一定时间(也就是电动机启动运转之后)再按转换按钮 SB₃,电动机作角形连接运行。停止工作时按停止按钮 SB₁,电机停止转动。各元件的动作顺序如图2.18所示。

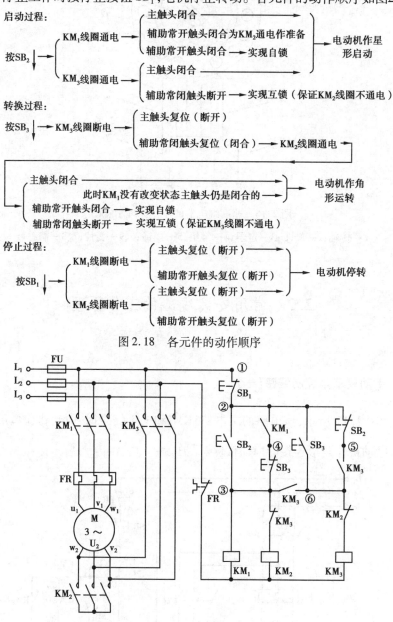

图 2.18　各元件的动作顺序

图 2.19　手动星三角控制线路(二)

## 2.2.2　手动星三角控制线路(二)

电路图如图 2.19 所示,该电路的主电路:KM₁ 和 KM₂ 闭合时,电动机作星形连接,KM₁ 和 KM₃ 闭合时,电动机作三角形连接,且具有过载保护。

SB₁为停止按钮,SB₂为启动按钮,SB₃为转换按钮,启动顺序为先按启动按钮 SB₂,电动机作星形连接启动;经一定时间(也就是电动机启动运转之后)再按转换按钮 SB₃,电动机作角形连接运行。停止工作时按停止按钮 SB₁,电机停止转动。各元件的动作顺序如图2.20 所示。

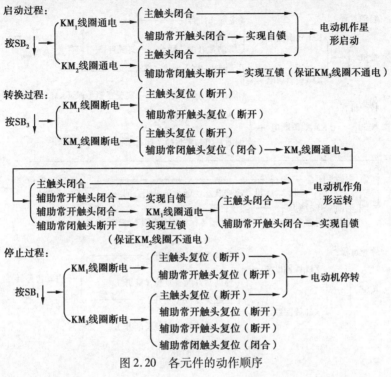

图 2.20　各元件的动作顺序

### 2.2.3　手动星三角控制线路(三)

电路图如图 2.21 所示,该电路的主电路:KM₁ 和 KM₃ 闭合时,电动机作星形连接,KM₁ 和 KM₂ 闭合时,电动机作三角形连接,且具有过载保护。

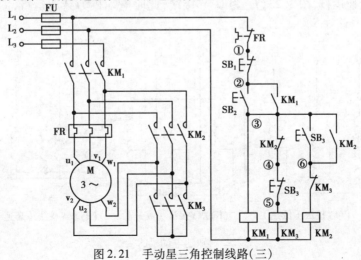

图 2.21　手动星三角控制线路(三)

SB₁为停止按钮,SB₂为启动按钮,SB₃为转换按钮,启动顺序为先按启动按钮 SB₂,电动机作星形连接启动;经一定时间(也就是电动机启动运转之后)再按转换按钮 SB₃,电动机作角形连接运行。停止工作时按停止按钮 SB₁,电机停止转动。各元件的动作顺序如图 2.22 所示。

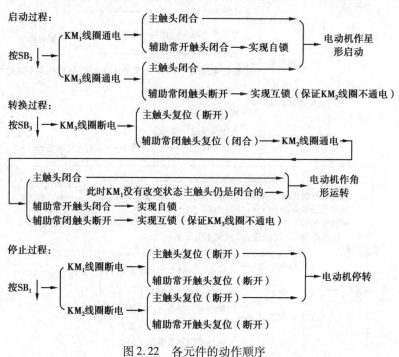

图 2.22  各元件的动作顺序

### 2.2.4  双速电机控制线路

双速电动机一般有双速、三速、四速之分。双速电动机定子装有一套绕组,三速、四速电动机则装有两套绕组。双速电动机三相绕组连接图如图 2.23 所示,图 2.23(a)为单 Y 接线,此时电动机为低速运行,图 2.23(b)为双 Y 接线,此时电动机为高速运行,图 2.23(c)是图 2.23(b)的另外一种画法。

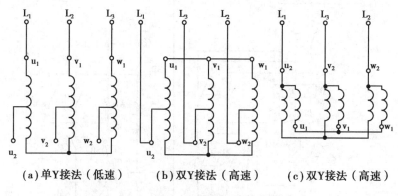

图 2.23  双速电动机的接线

如图 2.24 所示为双速异步电动机调速控制线路,该电路的主电路:KM₁闭合时,电动机作低速运行,KM₂和 KM₃闭合时,电动机作高速运行,且具有过载保护。

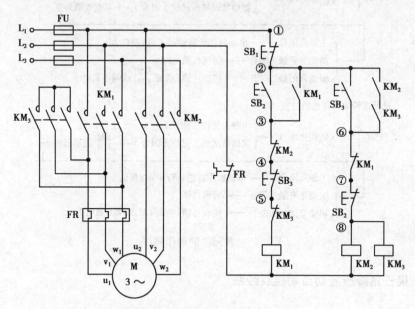

图 2.24 双速异步电机调速控制线路

SB₁为停止按钮,SB₂为低速启动按钮,SB₃为高速启动按钮。按低速启动按钮 SB₂,电动机作低速启动;按高速启动按钮 SB₃,电动机作高速运行。停止工作时按停止按钮 SB₁,电机停止转动。

电动机未转动启动时,各元件的动作顺序如图 2.25 所示。

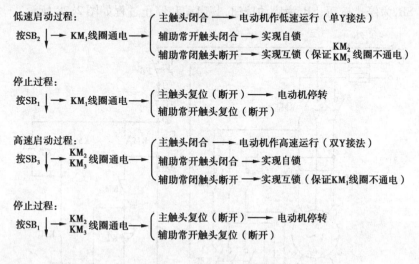

图 2.25 各元件的动作顺序

电动机在某转速下进行转速的转换时,各元件的动作顺序如图 2.26 所示。

两种情况下的停止过程,与前面相同,同学们自行分析。

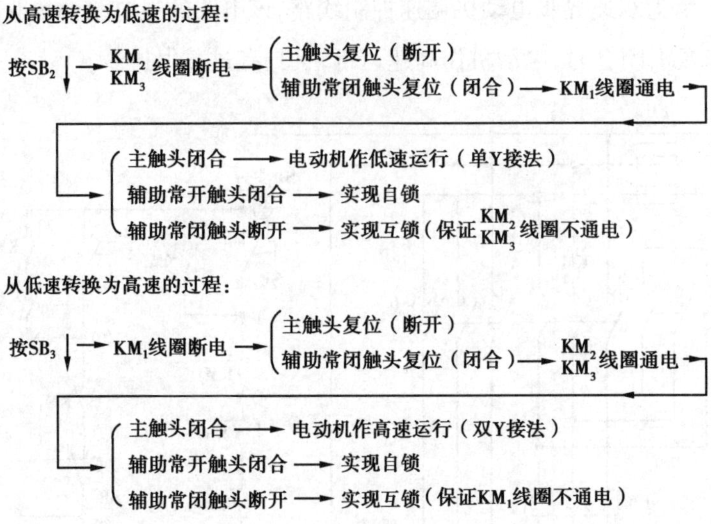

从高速转换为低速的过程：

按SB₂ → $\dfrac{KM_2}{KM_3}$ 线圈断电 →
主触头复位（断开）
辅助常闭触头复位（闭合）→ KM₁线圈通电 →

主触头闭合 → 电动机作低速运行（单Y接法）
辅助常开触头闭合 → 实现自锁
辅助常闭触头断开 → 实现互锁（保证 $\dfrac{KM_2}{KM_3}$ 线圈不通电）

从低速转换为高速的过程：

按SB₃ → KM₁线圈断电 →
主触头复位（断开）
辅助常闭触头复位（闭合）→ $\dfrac{KM_2}{KM_3}$ 线圈通电 →

主触头闭合 → 电动机作高速运行（双Y接法）
辅助常开触头闭合 → 实现自锁
辅助常闭触头断开 → 实现互锁（保证KM₁线圈不通电）

图 2.26　各元件的动作顺序

### 2.2.5　星三角降压启动自动控制线路

星三角降压启动是电动机最常用的启动方法之一,启动时把电动机的定子绕组接成星形（Y形）,启动即将完毕时再把它恢复成三角形（△形）。目前 4 kW 以上的三相异步电动定子绕组在正常运行时,都是接成三角形的,对这种电动可采用星三角降压启动。

星三角降压启动电路如图 2.27 所示。电动机先作星形连接,经延时后自动完成转换三角形连接。SB₁为停止按钮,SB₂为启动按钮,其启动和停止过程如图 2.28 所示。

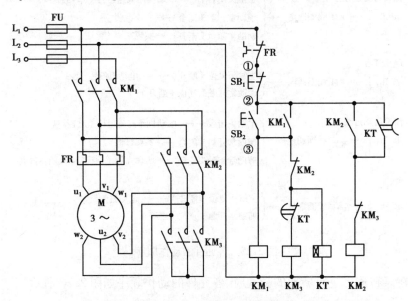

图 2.27　星三角降压启动自动控制线路

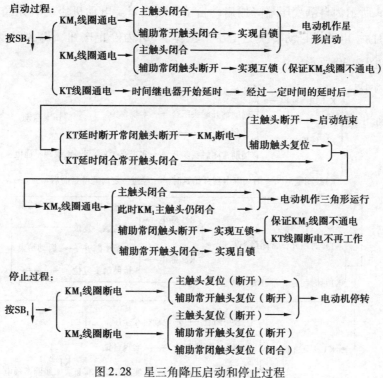

图 2.28  星三角降压启动和停止过程

### 2.2.6  自耦变压器降压启动自动控制线路

当星三角降压启动条件不能满足启动要求时,或对于星形连接的三相异步电动机,则应当采用自耦变压器降压启动。但因自耦变压器体积较大,目前大多采用变压启动,由于在职业鉴定中仍有此控制线路,这里也作相应介绍。

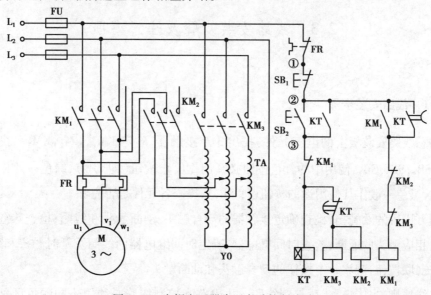

图 2.29  自耦变压器降压启动控制线路

如图 2.29 所示为自耦变压器降压启动自动控制线路。电动机启动时先经自耦变压器降压,经一定延时后,电动机自动转换为全压下工作。SB₁ 为停止按钮,SB₂ 为启动按钮,其启动和停止过程如图 2.30 所示。

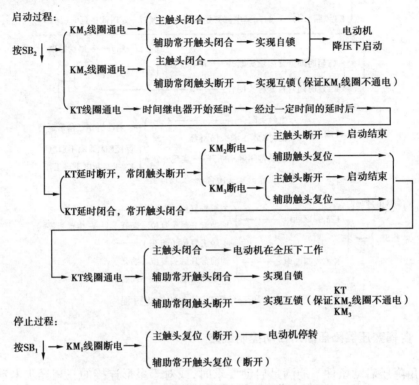

图 2.30  自耦变压器降压启动和停止过程

# 2.3  线路安装步骤及注意事项

## 2.3.1  线路安装步骤

①熟悉线路安装板上的电气元件:找出 3 个接触器,确定 KM₁,KM₂,KM₃。找出三联按钮,确定 SB₁,SB₂,SB₃,使用中的红色按钮必须用作停止按钮(即 SB₁),绿色一般作启动按钮(即 SB₂),黑色一般作其他用途的按钮(即 SB₃),检查各元件是否完好。

②用万用表的欧姆挡,检查确定接触器的动合触头、动断触头和线圈;检查热继电器的发热元件及相应触头的通断;检查时间继电器,确定时间继电器的线圈及延时触头和瞬时触头,最后检查三联按钮,观察每个按钮的动合触头和动断触头。

③接线原则:先主电路,后控制线路。主电路和控制线路必须用不同颜色区别。主电路

接线,应从电源依次向负载,按照电路原理图,进行接线。接线排到熔断器采用硬导线,热继电器到线排也采用硬导线。控制回路一般接线较多,应将电路分成几个回路,按回路依次接线。接线时按先串联,后并联的接线原则。原理图中已标明的各点为三联按钮到线排之间的连接点,一定要选取好,并注意按规定在该点的线排上带上相应的线号。

### 2.3.2　线路安装的要求

①所有线路的接线,应严格按原理图进行接线,并接线正确,最后通电试板成功。

②布线横平竖直、转角圆滑呈 $90°$,特别是硬导线,应沉底,走线成束。

③线槽引出线到各电气接点不能交叉,正确选择接线针和接线叉,根据接线排的要求,正确使用接线针和接线叉,接线排上的每个接点只能引出一条线;接触器等电气元件上每个接点只能接两条引出线。

④选线正确,主电路和控制线路全部采用 $1 \text{ mm}^2$ 的线,并注意主电路和控制线路用不同颜色进行区分。线排到三联按钮盒采用 $0.75 \text{ mm}^2$ 的线,接线时应特别注意。三联按钮盒内一律不能用接线针和接线叉,只能通过正确处理线头,做成羊眼圈,顺时针紧压在接线柱上,每个接线柱上的连接线也只能接两条,多的连接线,可通过等电位点进行连接。

⑤所有线头不裸露,羊眼圈弯曲正确,软线头处理良好,线头不松动。

### 2.3.3　安装注意事项

①安装时 3 根电源进线用硬导线,但不允许通入三相电源。

②接电动机的 3 根线也用 3 条硬导线,电动机不接入。

③每一个连接点只能接两根线,如果在该点有几根连线时,则应找到相应的等电位点进行接入。

④连接时应先主电路、后控制电路。

⑤从接触器到各点的接线要尽量平行,避免有交叉线。

⑥连接导线不要过长,否则影响安装工艺的外观。

# 第 **3** 章

# 常用机床控制线路

本章主要介绍最常见的钻床和铣床控制线路,重点介绍机床线路模拟板的替代说明和操作说明。

## 3.1　Z3050 摇臂钻床电气控制电路

钻床为孔加工机床,按其结构形式不同,有立式钻床、卧式钻床、多轴钻床及摇臂钻床等。摇臂钻床是机械加工车间中常见的机床,它适用于单件或批量生产中带有多孔的零件加工。Z3050 型摇臂钻床为常见的一种摇臂钻床。

### 3.1.1　机床的主要结构和运动形式

**(1)主要结构**

Z3050 摇臂钻床由底座、内外立柱、摇臂、主轴箱及工作台组成。其结构及运动形式如图3.1 所示。

**(2)运动形式**

①主轴转动由主轴电动机拖动。通过主轴箱内的主轴、进给变速传动机构及正反转摩擦离合器和操纵手柄、手轮,可以实现主轴的正反转、进给、变速、空挡、停车等控制。同时主轴可随主轴箱通过操作手轮沿摇臂上的水平导轨作径向移动。

②摇臂的垂直移动由摇臂升降电动机拖动。同时,摇臂与外立柱一起可相对内立柱作手动 360°回转。

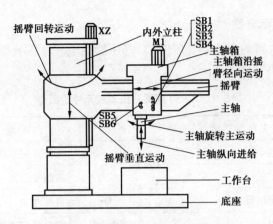

图 3.1　Z3050 摇臂钻床结构示意图

③Z3050 摇臂钻床对主轴箱、摇臂及内外立柱的夹紧由液压泵电动机提供动力,它采用液压驱动的菱形块夹紧机构。

### 3.1.2　机床对电气线路的主要要求

①由于主轴正、反转是由正反转摩擦离合器来实现的,因此只要求主轴电动机单方向旋转。

②摇臂的垂直移动是通过摇臂升降电动机的正、反转实现的,因此要求摇臂升降电动机能双向启动。同时,为了设备的安全,应具有上、下的极限保护。

③主轴箱、摇臂、内外立柱的夹紧通过液压驱动实现,故要求液压泵电动机能双向启动。

④冷却泵电动机只要求单向启动。

⑤为保证操作安全,控制电路的电源电压为 127 V。

⑥摇臂只有在放松状态下才能进行垂直移动,故应有联锁,并应有夹紧、放松指示。

### 3.1.3　电气控制线路分析

机床电气控制线路如附录五中附图 1 所示。

**(1)主电路**

机床采用 380 V,50 Hz 三相交流电源供电,并有保护接地措施。组合开关 $QS_1$ 为机床总电源开关。机床上装有 4 台电动机:1M 为主轴电动机,只需正转;2M 为摇臂升降电动机,可正、反转;3M 为液压泵电动机,可正、反转;4M 为冷却泵电动机,只需正转。

电路中 4M 容量小,用组合开关 $QS_2$ 进行手动控制且短时工作,故不设过载保护。1M,3M 分别由热继电器 $FR_1$,$FR_2$ 作过载保护。$FU_1$ 为总熔断器,兼作 4M,1M 的短路保护;$FU_2$ 熔断器作 2M,3M 及控制变压器一次侧的短路保护。

**（2）控制及照明、指示电路**

控制、照明和指示电路均由控制变压器 TC 降压后供电。电压分别为 127 V、36 V 及 6 V。各电器元件明细见表 3.1。

表 3.1　Z3050 摇臂钻床电气元件明细表

| 符　号 | 名称及用途 | 符　号 | 名称及用途 |
|---|---|---|---|
| 1M | 主轴及进给电动机 | $SQ_1 \sim SQ_6$ | 行程开关及限位开关 |
| 2M | 摇臂升降电动机 | TC | 控制变压器 |
| 3M | 控制用液压泵电动机 | QF | 自动开关 |
| 4M | 冷却泵电动机 | $SB_1$，$SB_2$ | 主电机启动和停止按钮 |
| $KM_1$ | 主电动机用接触器 | $SB_3$，$SB_4$ | 摇臂升降按钮 |
| $KM_2$，$KM_3$ | 摇臂升降电机正反转用接触器 | $SB_5$，$SB_6$ | 主轴箱及立柱松开和夹紧按钮 |
| $KM_4$，$KM_5$ | 液压泵电机正反转用接触器 | EL | 照明灯 |
| KT | 断电延时时间继电器 | $HL_1$，$HL_2$ | 主轴箱和立柱松开和夹紧指示灯 |
| YA | 控制用电磁阀 | $HL_3$ | 主电机工作指示灯 |
| $FR_1$，$FR_2$ | 热继电器 | XB | 连接片 |
| $FU_1 \sim FU_5$ | 熔断器 | PE | 保护接地 |
| $QS_1$，$QS_2$ | 组合开关 | | |

**1）主轴电动机的控制**

合上电源开关 $QS_1$，按启动按钮 $SB_2$，接触器 $KM_1$ 吸合并自锁，主轴电动机 1M 启动，同时主轴旋转指示灯 $HL_3$ 亮。停车时，按停车按钮 $SB_1$，$KM_1$ 释放，1M 停止旋转，主轴旋转指示灯 $HL_3$ 熄灭。

**2）摇臂升降控制**

按摇臂上升（或下降）按钮 $SB_3$（或 $SB_4$），时间继电器 KT 吸合，其瞬时动作的常开触点和延时断开的常闭触点闭合，使电磁铁 YA 和接触器 $KM_4$ 同时吸合，液压泵电动机 3M 旋转，使摇臂松开。同时，通过弹簧片压位置开关 $SQ_2$，$SQ_3$，使 $KM_4$ 释放，而使 $KM_2$（或 $KM_3$）吸合，3M 停止旋转，摇臂电动机 2M 正转（或反转），带动摇臂上升（或下降）。

当摇臂上升（或下降）到所需位置时，松开 $SB_3$（或 $SB_4$），$KM_2$（或 $KM_3$）和 KT 释放，摇臂电动机 2M 停止旋转，摇臂停止升降，KT 释放经过 1～3 s 延时后，延时闭合的常闭触点闭合，使 $KM_5$ 吸合，3M 反向旋转。此时 YA 仍处于吸合状态，使摇臂夹紧，同时通过弹簧片压位置开关 $SQ_2$，$SQ_3$，使 $KM_5$ 和 YA 都释放，液压泵停止旋转。在摇臂上升（或下降）过程中，利用行程开关 $SQ_1$ 来限制摇臂的升降行程，提供极限保护，$SQ_{1a}$ 为上限保护行程开关，$SQ_{1b}$ 为下限保护行程开关。

3）立柱和主轴箱的松开或夹紧控制

立柱和主轴箱的松开或夹紧是同时进行的。

按松开按钮 $SB_5$（或夹紧按钮 $SB_6$），接触器 $KM_4$（或 $KM_5$）吸合，液压泵电动机 3M 旋转，使立柱和主轴箱同时松开（或夹紧），同时松开指示灯亮（或夹紧指示灯亮）。

### 3.1.4 Z3050 摇臂钻床电气线路模拟板说明

#### （1）模拟线路

以附录五中附图 1 为依据，满足摇臂钻床对电气线路的要求，在附录五中附图 1 的基础上进行模拟。

①4 台电动机（1—4M）分别用作 Y 接的 4 组灯泡代替，并且每组灯泡的 Y 点接中线 N。若某台电动机缺相，则该相灯泡不亮，其他灯光发光正常。

②模拟线路中的放松、夹紧电磁铁线圈 YA 用白色彩灯代替。白色彩灯亮则表明线圈 YA 通电；白色彩灯熄则表明线圈 YA 断电。

③模拟线路中的位置开关（$SQ_1$—$SQ_4$）全部采用手动复位式，机床运动和电气控制的自动配合改为用手动操作来实现，以方便学生（操作者）对机床运动状况的观察和分析。

④转换开关 $QS_1$，$QS_2$ 分别用两把闸刀开关代替，以方便模拟板安装和配线。

#### （2）操作及功能显示

1）主轴电动机（1M）的控制及显示

①合上电源开关 $QS_1$，按启动按钮 $SB_2$，则接触器 $KM_1$ 吸合并自锁，主轴电动机（1M）启动并运转，显示 1M 三相通电的 3 只灯泡同时发光，按钮 $SB_2$ 上的绿色指示灯 $HL_3$ 亮。

②按停止按钮 $SB_1$，接触器 $KM_1$ 释放，主轴电动机（1M）停转，3 只灯泡熄灭以显示 1M 三相断电，同时按钮 $SB_2$ 上的绿色指示灯熄灭。

2）摇臂的升降控制及显示

①按住 $SB_3$（摇臂上升）或 $SB_4$（摇臂下降）按钮，时间继电器 KT 吸合，其瞬时动作的常开触点（14-15）和延时断开的常开触点（5-20）闭合，使电磁铁线圈 YA 和接触器 $KM_4$ 同时吸合，液压泵电动机（3M）旋转，显示线圈 YA 通电的白色彩灯和显示 3M 三相通电的 3 只灯泡同时亮。

②压力油推动活塞和菱形块使摇臂松开的同时，活塞杆通过弹簧片压位置开关 $SQ_2$，$SQ_3$（模拟板用手拨动），使接触器 $KM_4$ 释放，电动机 3M 停转（3 只灯泡熄灭），而使 $KM_2$（或 $KM_3$）吸合，升降电动机（2M）正转（或反转），指示电动机 2M 三相通电的 3 只灯泡亮。

③当摇臂上升（或下降）到需要的位置时，松开 $SB_3$（或 $SB_4$），接触器 $KM_2$（或 $KM_3$）和时

间继电器 KT 释放,升降电动机(2M)停转,显示电动机 2M 三相断电的灯泡熄灭,摇臂停止上升(或下降)。

④时间继电器 KT 为断电延时型,释放经 1～3 s 延时后,延时闭合的常闭触点(17-18)闭合,使接触器 $KM_5$ 吸合,液压泵电动机(3M)反转(3 只灯泡亮),此时电磁铁线圈 YA 仍处于吸合状态(白色彩灯亮),压力油反向推动活塞和菱形块,使摇臂夹紧;同时,活塞杆通过弹簧片压住位置开关 $SQ_2$,$SQ_3$(在模拟板上用手拨动)使 $KM_5$ 和 YA 释放,3M 停转(3 只灯泡熄灭)。

⑤摇臂上升(或下降)分别用位置开关 $SQ_{1a}$(或 $SQ_{1b}$)作限位控制(在模拟板上用手拨动并手动复位)。

3)立柱和主轴箱的松开与夹紧控制

①电磁铁 YA 处于释放状态,白色彩灯不亮。

②按松开按钮 $SB_5$,接触器 $KM_4$ 吸合,液压泵电动机 3M 正转(3 只灯泡亮)。压力油经两位六通阀进入立柱及主轴箱松开油缸,推动活塞及棱形块使立柱和主轴箱分别松开(拨动 $SQ_4$),松开指示灯 $HL_2$ 亮。

③按夹紧按钮 $SB_6$,$KM_5$ 吸合 3M 反转,压力油进入立柱和主轴箱夹紧油缸,推动活塞及棱状块,使立柱和主轴箱分别夹紧(拨 $SQ_4$ 复位),夹紧指示灯 $HL_1$ 亮。

### 3.1.5 Z3050 摇臂钻床电气线路模拟板检查操作步骤

Z3050 钻床模拟板的安装布线图如附录五中附图 2 所示。

Z3050 摇臂钻床电气线路模拟板只有操作比较熟练,才能及时发现问题,判断出故障的大致范围,具体操作步骤如下:

行程开关 $SQ_{1a}$,$SQ_2$,$SQ_4$,$SQ_{1b}$ 拨向下,$SQ_3$ 拨向上。

**(1)电源检查**

闭合刀开关 $QS_1$,夹紧指示灯 $HL_1$ 灯亮,闭合刀开关 $QS_2$,4M 灯全亮,闭合 SA 开关,照明灯亮。上下拨动 $SQ_4$,夹紧指示灯 $HL_1$ 和放松指示灯 $HL_2$ 工作正常转换。

完成后行程开关 $SQ_4$ 复位。

**(2)放松夹紧检查**

按 $SB_5$ 按钮,$KM_4$ 工作,3M 灯全亮;按 $SB_6$ 按钮,$KM_5$ 工作,3M 灯全亮。

**(3)摇臂上升和下降检查**

按 $SB_3$ 按钮,YA 灯亮,$KM_4$ 通电,3M 灯全亮;切换 $SQ_2$,$SQ_3$ 的方向,$KM_4$ 断电,3M 灯灭,$KM_2$ 通电,2M 灯全亮;摇臂上升到位置,松开 $SB_3$ 按钮,接触器 $KM_2$ 断电,2M 灯灭,延时后,$KM_5$ 通电,3M 灯全亮。

使 $SQ_2$，$SQ_3$ 复位，$KM_5$ 断电，3M 灯灭。摇臂上升过程，先松开，自动切换上升，结束延时自动夹紧。

重复上述过程，在摇臂上升时，将 $SQ_{1a}$ 拨向上，$KM_3$ 断电，2M 灯灭，延时后 $KM_5$ 通电，3M 灯亮，即摇臂上升到极限位置后，摇臂自动完成夹紧，$SB_3$ 不起作用。使行程开关 $SQ_2$，$SQ_3$，$SQ_{1a}$ 复位。

按 $SB_4$ 按钮，YA 灯亮，$KM_4$ 通电，3M 灯全亮；切换 $SQ_2$，$SQ_3$ 的方向，$KM_4$ 断电，3M 电机停转（灯灭），$KM_3$ 通电，2M 灯全亮；摇臂下降到位置，松开 $SB_4$ 按钮，$KM_3$ 断电，2M 灯灭，延时后，$KM_5$ 通电，3M 灯全亮。

使 $SQ_2$，$SQ_3$ 复位，$KM_5$ 断电，3M 灯灭。摇臂下降过程，先松开，自动切换下降，结束延时自动夹紧。

重复上述过程，在摇臂下降时，将 $SQ_{1b}$ 拨向上，$KM_3$ 断电，2M 灯灭，延时后 $KM_5$ 通电，3M 灯亮，即摇臂下降到极限位置后，摇臂自动完成夹紧，$SB_4$ 不起作用。使行程开关 $SQ_2$，$SQ_3$，$SQ_{1b}$ 复位。

**(4) 主轴工作检查**

按 $SB_2$ 按钮，$KM_1$ 通电，1M 灯全亮；按 $SB_1$ 按钮，$KM_1$ 断电，1M 灯灭。

# 3.2　X62W 万能铣床的电气控制线路

铣床是一种高效率的加工机床。它可以用圆柱铣刀、圆片铣刀、成型铣刀及端面铣刀等工具对各种零件进行面、斜面、螺旋面及成型珍面的加工、还可以加装铣头和利用圆工作台来扩大加工范围。

### 3.2.1　机床的主要结构和运动形式

X62W 万能铣床的外形如图 3.2 所示，主要由床身、主轴、刀杆、横梁、工作台、回转盘、横溜拨的升降台等几部分组成。

床身固定在底座上，在床身内装有主轴的传动机构和变速操作机构。床身的顶部有水平导轨，上面装置刀杆支架的悬梁，悬梁可以水平移动，刀杆支架可在悬梁上水平移动。在床身的前面有垂直导轨，升降台可沿着它上、下移动。在升降台上面水平导轨上，装有可在平行主轴轴线方向移动的溜拨。溜拨的上面有可转动部分，工作台就在溜拨上部可转动部分的导轨上作垂直于主轴轴线方向移动。工作台上有 T 形槽来固定工件。这样安装在工作台上的工件就可以在 3 个坐标轴的 6 个方向上调整位置或进给。

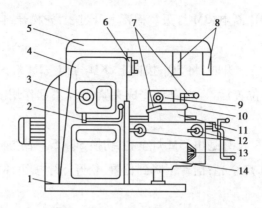

图 3.2　X62W 万能铣床结构示意图

1—底座;2—主轴变速手柄;3—主轴变速盘;4—床身;5—悬梁;6—主轴;

7—纵向操纵手柄;8—刀杆支架;9—工作台;10—同转盘;11—横向溜板;

12—十字手柄;13—进给变速盘;14—升降台

### 3.2.2　X62W 万能铣床的拖动特点

附录五中的附图 3 是 X62W 万能铣床的电气控制线路。其主轴电动机能实现正反转,但旋转方向不需经常变换。因此,采用手动开关预先选择转向,并设有电气控制环节,为了使变速时变速箱内齿易于啮合,减小齿轮面的冲击,主轴变速时有冲动。

X62W 铣床工作的进给运动方式有手动、进给运动和快速移动 3 种。进给和快速移动由进给电动机拖动。而快速移动是在牵引电磁铁作用下,将进给传动链换接为快速传动链获得,这两种传动进给都是往复式的,通过进给电动机的正反转来实现。对进给电动机的控制采用的是电气开关,机械挂挡相互联动的手柄操作,以减小按钮的数量,避免误动作。进给动作的原理为:

**(1)工作台纵向(左、右)运动的控制**

工作台左右运动由"工作台的纵向操作手柄"控制。手柄有 3 个位置:左、右、零位;当工作台向右运动时,将操纵手柄向右拨,其联动机构压动位置开关 $SQ_5$,常开触头 $SQ_{5-1}$ 闭合,常闭触头 $SQ_{5-2}$ 断开,接触器 $KM_2$ 通电吸合;电动机正向启动,带动工作台向右进给。工作台向左进时,将操作手柄拨在向左,压下 $SQ_6$ 使 $KM_4$ 通电,电动机反转,工作台向左进给。

**(2)工作台垂直(升、降)和横向(前、后)进给**

操纵工作台上下和前后运动是用同一手柄完成的,该手柄有 5 个位置,即上、下、前、后和中间位置。当手柄拨向上(或拨向下)时,机械上接通了垂直进给离合器,当手柄拨向前(或拨向后)时,机械上接通了横向进给离合器;手柄在中间位置时,横向、纵向进给离合器均不接通。当手柄在向上(或向前)位置时,手柄通过机械联动机构使 $SQ_3$ 被压动,接触器 $KM_3$ 通电吸合,电动机正转;当手柄在向下(或向后)位置时,位置开关 $SQ_4$ 被压下,接触器 $KM_4$ 通电吸合,电动机反转。操作工作台上下、前后和中间手柄的 5 个位置是联锁的,各方向的进给不能同时接通,因此不可能出现传动紊乱现象。

工作台的快速运动是通过电磁离合器完成的。YA 吸合时,进给传动系统跳过齿轮变速链,电动机可直接拖动丝杆套,让工作台快速进给。

### 3.2.3　电气控制线路分析

X62W 万能铣床电气控制线路如附录五中附图 3 所示。

#### (1)主电路

有 3 台电动机,1M 是主轴电动机,2M 是进给电动机,3M 是冷却泵电动机。

①主轴电动机 1M 通过换相开关 $SA_4$ 与接触器 $KM_1$ 配合,能实现正、反转控制,与接触器 $KM_2$、制动电阻器 R 及速度继电器的配合,能实现串电阻瞬时冲动和反接制动控制,并能通过机械机构进行变速。

②进给电动机 2M 通过接触器 $KM_3$,$KM_4$ 与行程开关及 $KM_5$、牵引电磁铁 YA 配合,可实现进给变速时的瞬时冲动、3 个相互垂直方向的常速进给和快速进给控制。

③冷却泵电动机 3M 只需正转。

④电路中 $FU_1$ 作机床总短路保护,也兼作 1M 的短路保护;$FU_2$ 作为 2M,3M 及控制、照明变压器一次侧的短路保护;热继电器 $FR_1$,$FR_2$,$FR_3$ 分别作 1M,2M,3M 的过载保护。

#### (2)控制电路

1)主轴电动机的控制

①主轴电动机的两地控制由分别装在机床两边的停止和启动按钮 $SB_1$,$SB_3$ 与 $SB_2$,$SB_4$ 完成。

②$KM_1$ 是主轴电动机启动接触器,$KM_2$ 是反接制动和主轴变速冲动接触器,$SQ_7$ 是与主轴变速手柄联动的瞬时动作行程开关。

③主轴电动机启动之前,要先将换相开关 $SA_4$ 拨到主轴电动机所需要的旋转方向,然后再按启动按钮 $SB_3$ 或 $SB_4$,完成启动。

④1M 启动后,速度继电器 KS 的一副常开触点闭合,为主轴电动机的停转制动做好准备。

⑤停车时,按停车按钮 $SB_1$ 或 $SB_2$ 切断 $KM_1$ 电路,接通 $KM_2$ 电路,进行串电阻反接制动。当 1M 转速低于 120 r/min 时,速度继电器 KS 的一副常开触点恢复断开,切断 $KM_2$ 电路,1M 停转,完成制动。

⑥主轴电动机变速时的瞬时冲动控制,是利用变速手柄与冲动行程开关 $SQ_7$ 通过机械上的联动机构完成的。

2）工作台进给电动机的控制

工作台在 3 个相互垂直方向上的运动由进给电动机 2M 驱动，接触器 $KM_3$ 和 $KM_4$ 由两个机械操作手柄控制，使 2M 实现正反转，用以改变进给运动方向。这两个机械操作手柄，一个是纵向（左、右）运动机械操作手柄，另一个是垂直（上、下）和横向（前、后）运动机械操作手柄。纵向运动机械操作手柄与行程开关 $SQ_1$，$SQ_2$ 联动，垂直及横向运动机械操作手柄与行程开关 $SQ_3$，$SQ_4$ 联动，相互组成复合联锁控制，使工作台工作时只能进行其中一个方向的移动，以确保操作安全。这两个机械操作手柄各有两套，都是复式的，分设在工作台不同位置上，以实现两地操作。

机床接通电源后，将控制圆工作台的组合开关 $SA_1$ 拨到断开位置，此时不需要圆工作台运动，触点 $SA_{1-1}$（17-18）和 $SA_{1-3}$（11-21）闭合，而 $SA_{1-2}$（19-21）断开，再将选择工作台自动与手动控制的组合开关 $SA_2$ 拨到手动位置，使触点 $SA_{2-1}$（18-25）断开，而 $SA_{2-2}$（21-22）闭合，然后启动 1M，这时接触器 $KM_1$（8-13）闭合，就可进行工作台的进给控制。

①工作台纵向（左、右）运动的控制。工作台纵向运动由纵向运动操作手柄控制。手柄有 3 个位置：向左、向右、零位。当手柄拨到向右或向左位置时，手柄的联动机构压下行程开关 $SQ_1$ 或 $SQ_2$，使接触器 $KM_3$ 或 $KM_4$ 动作，控制进给电动机 2M 正、反转。工作台左右运动的行程，可通过调整安装在工作台两端的挡铁位置来实现。当工作台纵向运动到极限位置时，挡铁撞动纵向操作手柄，使它回到零位，工作台停止运动，从而实现了纵向极限保护。

②工作台垂直（上、下）和横向（前、后）运动的控制。工作台的垂直和横向运动，由垂直和横向运动操作手柄控制。手柄的联动机械一方面能压下行程开关 $SQ_3$ 或 $SQ_4$，同时能接通垂直或横向进给离合器。其操作手柄有 5 个位置：上、下、前、后和中间位置，5 个位置是联锁的。工作台的上下和前后运动的极限保护是利用装在床身导轨旁与工作台座上的挡铁，将操纵十字手柄撞到中间位置，使 2M 断电停转。

③工作台快速进给控制。当铣床不作铣切加工时，为提高劳动生产效率，要求工作台能快速移动。工作台在 3 个相互垂直方向上的运动都可实现快速进给控制，且有手动和自动两种控制方式，一般都采用手动控制。

当工作台作常速进给移动时，再按下快速进给按钮 $SB_5$（或 $SB_6$），使接触器 $KM_5$ 通电吸合，接通牵引电磁铁 YA，电磁铁通过杠杆使摩擦离合器合上，减少中间传动装置，使工作台按原运动方向作快速进给运动。松开快速进给按钮时，电磁铁 YA 断电，摩擦离合器断开，快速进给运动停止，工作台仍按原常速进给时的速度继续运动，可见快速移动是点动控制。

④进给电动机变速时瞬动（冲动）控制。变速时，为使齿轮易于啮合，进给变速也没有变速冲动环节。进给变速冲动是由进给变速手柄配合进给变速冲动开关 $SQ_6$ 实现的。需要进给变速时，应将转速盘的蘑菇形手轮向外拉出并转动转速盘，将所需进给量的标尺数字对准箭头，然后再把蘑菇形手轮用力拉到极限位置并随即推回原位。在将蘑菇形手轮拉到极限位

置的瞬间,其连杆机构瞬时压下行程开关 $SQ_6$,使 $SQ_6$ 的常闭触点 $SQ_6$(11-15)断开,常开触点 $SQ_6$(15-19)闭合,使 $KM_3$ 通电,电动机 2M 正转。由于操作时只使 $SQ_6$ 瞬时压合,因此 $KM_3$ 是瞬时接通的,故能达到 2M 瞬时转动一下,从而保证变速齿轮易于啮合。由于进给变速瞬时冲动的通电回路要经过 $SQ_1$—$SQ_4$ 四个行程开关的常闭触点,因此,只有当进给运动的操作手柄都在中间(停止)位置时,才能实现进给变速冲动控制,以保证操作时的安全。同时,与主轴变速时冲动控制一样,电动机的通电时间不能太长,以防止转速过高,在变速时打坏齿轮。

3)圆工作台运动的控制

为了切螺旋槽、弧形槽等曲线,X62W 万能铣床附有圆形工作台及其传动机构,可安装在工作台上,圆形工作台的回转运动也是由进给电动机 2M 经传动机构驱动的。

圆工作台工作时,首先将进给操作手柄拨到中间(停止)位置,然后将组合开关 $SA_1$ 拨到接通位置,这时触点 $SA_{1-1}$(17-18)及 $SA_{1-3}$(11-21)断开,$SA_{1-2}$(19-21)闭合。按下主轴启动按钮 $SB_3$ 或 $SB_4$,则接触器 $KM_1$ 与 $KM_3$ 相继吸合,主轴电动机 1M 与进给电动机 2M 相继启动并运转,进给电动机仅以正转方向带动圆工作台做定向回转运动。由于圆工作台控制电路是经行程开关 $SQ_1$—$SQ_4$ 的 4 个行程开关的常闭触点形成闭合回路的,因此操作任何一个长方形工作台进给手柄,都将切断圆工作台控制电路,实现了圆形工作台和长方形工作台的联锁。若要使圆工作台停止转动,可按主轴停止按钮 $SB_1$ 或 $SB_2$,则主轴与圆工作台同时停止工作。

4)冷却泵电动机的控制与照明电路

冷却泵电动机 3M 通常在铣削加工时由转换开关 $SA_3$ 操作。拨至接通位置时,接触器 $KM_6$ 通电,3M 启动,输送切削液,供铣削加工冷却用。

机床照明变压器 TL 输出 24 V 安全电压,由转换开关 $SA_5$ 控制照明灯 EL。

X62W 万能铣床电器元件明细表见表3.2。

表 3.2 X62W 万能铣床电器元件明细表

| 代　号 | 名　称 | 型号与规格 | 件　数 | 备　注 |
|---|---|---|---|---|
| 1M | 主轴电动机 | JO2-51-4,7.5 kW,1 450 r/min | 1 | 380 V,50 Hz,T2 |
| 2M | 进给电动机 | JO2-22-4,1.5 kW,1 410 r/min | 1 | 380 V,50 Hz、T2 |
| 3M | 冷却泵电动机 | JCB-22,0.125 kW,2 790 r/min | 1 | 380 V,50 Hz |
| $KM_1$,$KM_2$ | 交流接触器 | CJO-20,110 V,20 A | 2 | |
| $KM_3$—$KM_6$ | | CJO-10,110 V,10 A | 4 | |
| TC | 控制变压器 | BK-150,380/110 V | 1 | |
| TL | 照明变压器 | BK-50,380/24 V | 1 | |
| $SQ_1$,$SQ_2$ | | LX1-11K | 2 | 开启式 |
| $SQ_3$,$SQ_4$ | 位置开关 | LX2-131 | 2 | 自动复位 |
| $SQ_5$—$SQ_7$ | | LX3-11K | 3 | 开启式 |

续表

| 代 号 | 名 称 | 型号与规格 | 件 数 | 备 注 |
|---|---|---|---|---|
| QS | | HZ1-60/E26,三级,60 A | 1 | |
| SA$_1$ | | HZ1-10/E16,三级,10 A | 1 | |
| SA$_2$ | 组合开关 | HZ1-10/E16,二级,10 A | 1 | |
| SA$_4$ | | HZ3-133,三级 | 1 | |
| SA$_3$,SA$_5$ | | HZ10-10/2,二级,10 A | 2 | |
| SB$_1$,SB$_2$ | | LA2,500 V,5 A | 2 | 红色 |
| SB3,SB4 | 按钮 | LA2,500 V,5 A | 2 | 绿色 |
| SB$_5$,SB$_6$ | | LA2,500 V,5 A | 2 | 黑色 |
| R | 制动电阻器 | ZB2、1.45W、15.4A | 2 | |
| FR$_1$ | | JR0-40/3,额定电流 16 A | 1 | 整定电流 14.85 A |
| FR$_2$ | 热继电器 | JR10-10/3,热元件编号 10 | 1 | 整定电流 3.42 A |
| FR$_3$ | | JR10-10/3,热元件编号 1 | 1 | 整定电流 0.415 A |
| FU$_1$ | | RL1-60/35,熔体 35 A | 3 | |
| FU$_2$—FU$_4$ | 熔断器 | RL1-15,熔体 10 A,3 只,6 A,2 A,各 1 只 | 5 | |
| KS | 速度继电器 | JY1,380 V,2 A | 1 | |
| YA | 牵引电磁铁 | MQ1-5141,线圈电压 380 V | 1 | 拉力 150 N |
| EL | 低压照明灯 | K-2,螺口 | 1 | 配灯泡 24 V,40 W |

### 3.2.4 X62W 铣床电气线路模拟板说明

**(1)替换说明**

①速度继电器 KS 的常开触头,用单联开关代替。

②快速牵引电磁铁 YA,用灯泡代替,接线时采用 220 V 的电压供电。

③1M,2M,3M 电动机分别用 3 组灯泡代替。

④控制用变压器用 100 V·A,380/127 V,36 V,6 V,3 V。

⑤电源组合开关用胶壳闸刀开关(380 V,16 A)。

**(2)主轴电动机的控制**

①SB$_1$,SB$_3$ 和 SB$_2$,SB$_4$ 分别在模拟板上控制启动和停止(制动)(注:X62W 为两地控制)

②KM$_1$ 是主轴电动机启动接触器,KM$_2$ 是反接制动和主轴变速冲动接触器。

③SQ$_7$是主轴变速时的瞬时动作行程开关(注:为了模拟板检修和观察方便,不能自动复位)。

④主轴电动机启动时,应先将 SA$_4$ 拨到主轴电动机所需的旋转方向(顺、反都是旋转90°),然后再按启动按钮 SB$_3$(或 SB$_4$)来启动主轴电动机 1M(1M 通电,灯亮)。

⑤1M 启动后,将代用速度继电器的开关 KS 向上拨动,使开关闭合,为主轴电动机停止转制动作好准备。

⑥停车时,按 SB$_1$(或 SB$_2$)切断 KM$_1$ 电路,接通 KM$_2$ 电路,改变 1M 电源相序,进行串电阻反接制动,当 1M 转速低于 300 r/min 时(KM$_2$ 吸合 1~2 s),将代用速度继电器开关 KS 向下,切断 KM$_2$ 电路,1M 停转(1M 断电)制动结束。

⑦主轴电动机变速时瞬时(冲动)控制,将 SQ$_7$ 向上拨动,当 KM$_2$ 吸合(1M 灯亮)后,迅速向下复位,完成瞬时冲动控制(观察 1M 灯亮的亮度)。

**(3)工作台进给电动机控制**

①工作台纵向、横向和垂直运动都由电动机 2M 驱动,KM$_3$ 和 KM$_4$ 使 2M 实现正反转,并通过机械传动达到工作台 3 种运动形式和 6 个方向的移动(注:必须在主轴 1M 工作时,才能实现 6 个方向的运动)。

②工作台向右运动由行程开关 SQ$_1$ 控制,1M 启动后,SQ$_1$ 向上拨动,KM$_3$ 吸合,2M 通电正转,SQ$_2$ 向下拨动,2M 断电,停止进给。

③工作台向左运动由 SQ$_2$ 控制,当 1M 启动后,SQ$_2$ 向上拨动,KM$_4$ 吸合,2M 通电反转,SQ$_2$ 向下拨动,2M 断电,停止进给。

④工作台向前和向下运动由 SQ$_3$ 控制,1M 启动后,SQ$_3$ 向上拨动,KM$_3$ 吸合,2M 通电正转,工作台向前或向下运动,SQ$_3$ 向下复位,2M 断电,工作台停止运动。

⑤工作台向后或向上运动由 SQ$_4$ 控制,当 1M 启动后,SQ$_4$ 向上拨动,KM$_4$ 吸合,2M 通电反转,工作台向后或向上运动,SQ$_4$ 向下复位,2M 断电,工作台停止运动。

⑥工作台的快速进给控制由进给电动机 2M 来驱动,完成 6 个方向的快速进给控制,按进给按钮 SB$_5$ 和 SB$_6$,接触器 KM$_5$ 吸合,接通牵引电磁铁 YA(用灯代替,点动,并 YA 灯亮)。

⑦进给电动机变速的瞬时冲动动作由 SQ$_6$ 控制,将 SQ$_6$ 向上拨动,KM$_3$ 吸合,2M 通电正转,迅速向下复位完成进给,电动机瞬动(冲动)控制。

⑧工作台自动进给由 SQ$_1$,SQ$_2$ 和 SQ$_5$ 通过机械传动实现。

**(4)工作台自动控制**

1)常速右移、快速左移

①将组合开关 SA$_2$ 顺时针旋转 90°,接通工作台自动进给开关,SQ$_5$ 向上拨动。

②将 SQ$_1$ 向上拨动,KM$_3$ 吸合 2M 启动正转,工作台向右运动。

③将 SQ$_1$ 向下拨动,SQ$_2$ 向上拨动,工作台保持向右运动。

④将 SQ$_5$ 向下拨动,KM$_3$ 断电,KM$_4$ 吸合,2M 反转,同时 KM$_5$ 吸合,工作台向左快速

移动。

⑤将 $SQ_5$ 向上拨动,将 $SQ_1$ 向上拨动,工作台又向右运动,工作台常速右移、快速左移自动完成往返进给。

2)常速左移、快速右移

①将组合开关 $SA_2$ 顺时针旋转 $90°$,接通工作台自动进给开关,$SQ_5$ 向上拨动。

②将 $SQ_2$ 向上拨动,$KM_4$ 吸合 2M 启动反转,工作台向左运动。

③将 $SQ_2$ 向下拨动,$SQ_1$ 向上拨动,工作台保持向左运动。

④将 $SQ_5$ 向下拨动,$KM_4$ 断电,$KM_3$ 吸合,2M 正转,同时 $KM_5$ 吸合,工作台向右快速移动。

⑤将 $SQ_5$ 向上拨动,将 $SQ_2$ 向上拨动,工作台又向左运动,工作台常速左移、快速右移自动完成往返进给。

(5)圆工作台运动控制

①圆形工作台的回转运动是由进给电动机 2M 经传动机构驱动完成的。

②圆工作台工作时应先将位置开关 $SQ_1$—$SQ_7$ 复位,再将圆工作台开关 $SA_1$ 顺时针旋转 $90°$,接通圆工作台开关,并使工作台自动进给开关 $SA_2$ 在断开位置(手柄水平状态)。

③按主轴启动按钮 $SB_3$ 或 $SB_4$ 时,$KM_1$ 和 $KM_3$ 相继吸合,1M 和 2M 相继启动,圆工作台工作。

④若按 $SB_1$ 或 $SB_2$,则主轴与圆工作台同时停止工作。

(6)其他说明

①冷却泵用 $SA_3$ 控制,在 $KM_1$ 吸合状态下,把 $SA_3$ 旋转 $90°$,3M 启动,冷却泵工作(3M 灯亮),当主轴停止工作时,冷却泵也停止工作。

②$SA_5$ 为机床工作灯开关,向上为接通,向下为断开。

X62W 万能铣床模拟板的安装布线图如附录五中附图 4 所示。图中 $SA_1$ 处于断开位置,圆工作台不工作,$SA_2$ 处于手动位置。

### 3.2.5　X62W 万能铣床模拟板检查操作步骤

X62W 万能铣床模拟板同样只有操作比较熟练,才能及时发现问题,判断出故障的大致范围,具体操作步骤如下:

行程开关:$SQ_1$,$SQ_2$,$SQ_3$,$SQ_4$,$SQ_5$,$SQ_6$,$SQ_7$ 拨向下。

转换开关:$SA_1$,$SA_2$,$SA_3$ 操作手柄全部水平位置,$SA_4$ 处正常位置,$SA_5$ 处于断开位置。

**（1）主轴检查**

1）主轴启动停止操作检查

①闭合刀开关 QS，闭合 $SA_5$，照明灯 EL 亮，$SA_5$ 复位（断开）。

②按 $SB_3$，$KM_1$ 通电，1M 灯亮，手动闭合 KS 开关，按 $SB_1$，$KM_1$ 断电，$KM_2$ 通电工作（反接制动状态），1M 工作中间灯亮，两边灯暗，手动断开 KS，$KM_2$ 断电，1M 灯灭。

③重复按 $SB_4$ 启动和 $SB_2$ 停止，其过程同上述。

2）主轴电机冲动检查

按 $SB_3$ 或 $SB_4$，$KM_1$ 通电，1M 灯亮。将 $SQ_7$ 向上拨动，$KM_1$ 断电，$KM_2$ 通电工作（反接制动状态），1M 工作中间灯亮，两边灯暗，$SQ_7$ 复位（拨向下），$KM_2$ 断电，1M 灯灭。

**（2）手动工作台检查**

1）手动工作台操作检查

①启动主轴电机，按 $SB_3$ 或 $SB_4$，$KM_1$ 通电，1M 电机工作，手动闭合 KS 开关。

②拨动 $SQ_1$，$KM_3$ 通电，2M 正转（灯亮），$SQ_1$ 复位，$KM_3$ 断电，2M 停转（灯灭）。

③拨动 $SQ_2$，$KM_4$ 通电，2M 反转（灯亮），$SQ_2$ 复位，$KM_4$ 断电，2M 停转（灯灭）。

④拨动 $SQ_3$，$KM_3$ 通电，2M 正转（灯亮），$SQ_3$ 复位，$KM_3$ 断电，2M 停转（灯灭）。

⑤拨动 $SQ_4$，$KM_4$ 通电，2M 反转（灯亮），$SQ_4$ 复位，$KM_3$ 断电，2M 停转（灯灭）。

⑥选择任何一个行程开关拨动，让 2M 工作，接下 $SB_5$ 或 $SB_6$，$KM_5$ 通电，电磁阀 YA 工作（灯亮）。

2）工作台电机冲动检查

将 $SQ_6$ 向上拨动，$KM_3$ 通电，2M 灯亮，使 $SQ_6$ 复位（拨向下），$KM_3$ 断电，2M 灯灭。

**（3）自动工作台操作检查**

1）向右正常运动，向左快速返回的过程

组合开关 $SA_2$ 顺时针旋转90°，$KM_5$ 通电，YA 灯亮；$SQ_5$ 拨向上，$KM_5$ 断电，YA 灯灭；$SQ_1$ 拨向上，$KM_3$ 通电，2M 灯亮，$SQ_1$ 拨向下，$SQ_2$ 拨向上，$SQ_5$ 拨向下，$KM_3$ 断电，$KM_4$ 通电，$KM_5$ 通电，2M 灯仍亮，YA 灯亮。$SQ_2$ 复位拨向下，$KM_5$ 仍通电，YA 灯仍亮；$SA_2$ 复位，$KM_5$ 断电，YA 灯灭。

2）向左正常运动，向右快速返回的过程

组合开关 $SA_2$ 顺时针旋转90°，$KM_5$ 通电，YA 灯亮；$SQ_5$ 拨向上，$KM_5$ 断电，YA 灯灭；$SQ_2$ 拨向上，$KM_4$ 通电，2M 灯亮，$SQ_2$ 拨向下，$SQ_1$ 拨向上，$SQ_5$ 拨向下，$KM_4$ 断电，$KM_3$ 通电，$KM_5$ 通电，2M 灯仍亮，YA 灯亮。$SQ_2$ 复位拨向下，$KM_5$ 仍通电，YA 灯仍亮；$SA_2$ 复位，$KM_5$ 断电，YA 灯灭。

（4）圆工作台操作检查

所有行程开关在正常位置状态（拨向下），$SA_1$，$SA_2$，$SA_3$ 转换开关均处于水平位置。

$SA_1$ 旋转 $90°$，$KM_3$ 通电工作，2M 灯亮，此时拨动任何一个行程开关 $SQ_1$，$SQ_2$，$SQ_3$，$SQ_4$，均会使 $KM_3$ 断电，2M 灯灭。

（5）冷却泵操作检查

$SA_3$ 旋转 $90°$，3M 灯亮，$SA_3$ 复位，3M 灯灭。

按 $SB_1$ 或 $SB_2$，$KM_1$ 断电，$KM_2$ 通电工作，1M 电机制动，手动断开 KS，$KM_2$ 断电，1M 电机制动结束（灯灭）。

# 第 **4** 章
## 电气安全

## 4.1　安全技术

### 4.1.1　触电概念

当人体触及带电体时,电流通过人体,使部分或整个身体遭到电的刺激和伤害,引起电伤和电击。电伤是指人体的外部受到电的损伤,如电弧灼伤、电烙印等。当人体处于高压设备附近,而距离小于或等于放电距离时,在人与带电的高压设备之间就会发生电弧放电,人体在高达 3 000 ℃,甚至更高的电弧温度和电流的热、化学效应作用下,将会引起严重的甚至可致死的电弧灼伤。电击则指人体的内部器官受到伤害,如电流作用于人体的神经中枢,使心脏和呼吸系统机能的正常工作受到破坏,发生抽搐和痉挛,失去知觉等现象,也可能使呼吸器官和血液循环器官的活动停止或大大减弱,而形成所谓假死。此时,若不及时采用人工呼吸和其他医疗方法救护,人将不能复生。

人触电时的受害程度与作用于人体的电压、人体的电阻、通过人体的电流值、电流的频率、电流通过的时间、电流在人体中流通的途径以及人的体质情况等因素有关,而电流值则是危害人体的直接因素。

### 4.1.2  安全电流与安全电压

**(1)安全电流**

为了确保人身安全,一般以人触电后人体未产生有害的生理效应作为安全的基准。因此,通过人体一般无有害生理效应的电流值,即称为安全电流。安全电流又可分为容许安全电流和持续安全电流。当人体触电,通过人体的电流值不大于摆脱电流的电流值称为容许安全电流,50~60 Hz 交流规定 10 mA(矿业等类的作业则规定 6 mA),直流规定 50 mA 为容许安全电流;当人发生触电,通过人体的电流大于摆脱电流且与相应的持续通电时间对应的电流值称为持续安全电流。交流持续安全电流值与持续通电时间的关系为:

$$I_{ac} = 10 + 10/t (0.03 \text{ s} \leqslant t \leqslant 10 \text{ s})$$

式中  $t$——持续通电时间,s。

**(2)安全电压**

在各种不同环境条件下,人体接触到一定电压的带电体后,其各部分不发生任何损害,该电压称为安全电压。

安全电压是以人体允许通过的电流与人体电阻的乘积来表示的。通常,低于 40 V 的对地电压可视为安全电压。国际电工委员会规定接触电压的限定值为 50 V,并规定在 25 V 以下时,不需考虑防止电击的安全措施。国家标准《安全电压》(GB 3805—1983)规定我国安全电压额定值的等级为 42 V、36 V、24 V、12 V 和 6 V,目前采用的安全电压以 36 V 和 12 V 较多。发电厂生产场所及变电站等处使用的行灯一般为 36 V,在比较危险的地方或工作地点狭窄、周围有大面积接地体、环境湿热场所,如电缆沟所用行灯的电压不准超过 12 V。

需要指出的是,不能认为这些电压就是绝对安全的,如果人体在汗湿、皮肤破裂等情况下触及电源,也可能发生电击伤害。

### 4.1.3  常见的触电方式

人体触电的基本方式有单相触电、两相触电、跨步电压触电、接触电压触电。此外,还有人体接近高压电和雷击触电等,如图 4.1 所示。

**(1)单相触电**

单相触电是指人体站在地面或其他接地体上,人体的某部位触及一相带电体所引起的触电。它的危险程度与电压的高低、电网的中性点是否接地、每相对地电容量的大小有关,是较常见的一种触电事故。

在日常工作和生活中(三相四线制),低压用电设备的开关、插销和灯头以及电动机、电熨斗洗衣机等家用电器,如果其绝缘损坏,带电部分裸露而使外壳、外皮带电,当人体碰触这些设备时,就会发生单相触电情况。如果此时人体站在绝缘板上或穿绝缘鞋,人体与大地间的电阻就会很大,通过人体的电流将很小,这时不会发生触电危险。

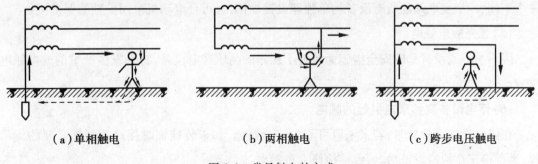

（a）单相触电　　　　　　　（b）两相触电　　　　　　（c）跨步电压触电

图 4.1　常见触电的方式

### (2)两相触电

两相触电是指人体有两处同时接触带电的任何两相电源时的触电。发生两相触电时,电流由一根导线通过人体流至另一根导线,作用于人体上的电压等于线电压,若线电压为 380 V,则流过人体的电流高达 268 mA,这样大的电流只要经过 0.186 s 就可能致触电者死亡。故两相触电比单相触电更危险。

### (3)跨步电压触电

当电气设备发生接地故障或当线路发生一根导线断线故障,并且导线落在地面时,故障电流就会从接地体或导线落地点流入大地,并以半球形向大地流散,距电流入地点越近,电位越高,距电流入地点越远,电位越低,入地点 20 m 以外处,地面电位近似零。如果此时有人进入这个区域,其两脚之间的电位差就是跨步电压。由跨步电压引起触电,称为跨步电压触电。人体承受跨步电压时,电流一般是沿着人的下身,即从脚到胯部到脚流过,与大地形成通路,电流很少通过人的心脏重要器官,看起来似乎危害不大,但是,跨步电压较高时,人就会因脚抽筋而倒在地上,这不但会使作用于身体上的电压增加,还有可能改变电流通过人体的路径而经过人体的重要器官,因而大大增加了触电的危险性。

因此,电业工人在平时工作或行走时,一定格外小心。当发现设备出现接地故障或导线断线落地时,要远离断线落地区;一旦不小心已步入断线落地区且感觉到有跨步电压时,应赶快把双脚并在一起或用一条腿跳着离开断线落地区;当必须进入断线落地区救人或排除故障时,应穿绝缘靴。

### (4)接触电压触电

接触电压是指人站在发生接地短路故障设备的旁边,触及漏电设备的外壳时,其手、脚之间所承受的电压。由接触电压引起的触电称为接触电压触电。

在发电厂和变电所中,一般电气设备的外壳和机座都是接地的,正常时,这些设备的外壳和机座都不带电。但当设备发生绝缘击穿、接地部分破坏,设备与大地之间产生电位差时,人体若接触这些设备,其手、脚之间便会承受接触电压而触电。为防止接触电压触电,往往要把一个车间、一个变电站的所有设备均单独埋设接地体,对每台电动机采用单独的保护接地。

### (5)弧光放电触电

因不小心或没有采取安全措施而接近了裸露的高压带电设备,将会发生严重的放电触电事故。

### (6)停电设备突然来电引起的触电

在停电设备上检修时,若未采取可靠的安全措施,如未装挂临时接地及悬挂必要的标示牌,当误将正在检修设备送电,致使检修人员触电。

### 4.1.4 基本安全用电的技术措施

当电气设备的外壳因绝缘损坏而带电时,并无带电象征,人们不会对触电危险有什么预感,这时往往容易发生触电事故。但是只要掌握了电的规律并采取相应措施,很多触电事故还是可以避免的。

### (1)保护接地

保护接地是为了防止电气设备绝缘损坏时人体遭受触电危险,而在电气设备的金属外壳或构架等与接地体之间所作的良好的连接。保护接地适用于中性点不接地的低电网中。采用保护接地,仅能减轻触电的危险程度,但不能完全保证人身安全。

### (2)保护接零

为防止人身因电气设备绝缘损坏而遭受触电,将电气设备的金属外壳与电网的零线(变压器中性点)相连接,称为保护接零。保护接零适用于三相四线制中性点直接接地的低压电力系统中。

对于采用保护接零系统要求:

①零线上不能装熔断器和断路器,以防止零线回路断开时,零线出现相电压而引起的触电事故。

②在同一低压电网中,不允许将一部分电气设备采用保护接地,而另一部分电气设备采用保护接零。

③在接三眼插座时,不准将插座上接电源零线的孔同接地线的孔串接。正确的接法是接电源零线的孔同接地的孔分别用导线接到零线上。

④除中性点必须良好接地外,还必须将零线重复接地。

### (3)工作接地

将电力系统中某一点直接或经特殊设备与地作金属连接,称为工作接地。工作接地可降低人体的接触电压,迅速切断电源,降低电气设备和输电线路的绝缘水平,满足电气设备运行中的特殊需要。

**(4)漏电保护器**

它的作用就是防止电气设备和线路等漏电引起人身触电事故,也可用来防止由于设备漏电引起的火灾事故以及用来监视或切除一相接地故障,并且在设备漏电、外壳呈现危险的对地电压时自动切断电源。

### 4.1.5　触电现场急救

触电事故往往是在一瞬间发生的,情况危急,不得有半点迟疑,时间就是生命。

人体触电后,有的虽然心跳、呼吸停止了,但可能属于濒死或临床死亡。如果抢救正确及时,一般还是可能救活。触电者的生命能否获救,其关键在于能否迅速脱离电源和进行正确的紧急救护。

**(1)脱离电源**

当人发生触电后,首先要使触电者脱离电源,这是对触电者进行急救的关键。但在触电者未脱离电源前急救人员不准用手直接拉触电者,以防急救人员触电。为了使触电者脱离电源,急救人员应根据现场条件果断地采取适当的方法和措施。脱离电源的方法和措施一般有以下几种:

1)低压触电脱离电源

①在低压触电附近有电源开关或插头,应立即将开关拉开或插头拔脱,以切断电源。

②如电源开关离触电地点较远,可用绝缘工具将电线切断,但必须切断电源侧电线,并应防止被切断的电线误触他人。

③当带电低压导线落在触电者身上,可用绝缘物体将导线移开,使触电脱离电源。但不允许用任何金属棒或潮湿的物体去移动导线,以防急救者触电。

④若触电者的衣服是干燥的,急救者可用随身干燥衣服、干围巾等将自己的手严格包裹,然后用包裹的手拉触电者干燥衣服,或用急救者的干燥衣物结在一起,拖拉触电者,使触电者脱离电源。

⑤若触电者离地距离较大,应防止切断电源后触电者从高处摔下造成外伤。

2)高压触电脱离电源

当发生高压触电时,应迅速切断电源开关。如无法切断电源开关,应使用适合该电压等级的绝缘工具,使触电者脱离电源。急救者在抢救时,应对该电压等级保护一定的安全距离,以保证急救者的人身安全。

3)架空线路触电脱离电源

当有人在架空线路上触电时,应迅速拉开关,或用电话告知当地供电部门停电。如不能立即切断电源,可采用抛掷短路的方法使电源侧开关跳闸。在抛掷短路线时,应防止电弧灼伤或断线危及人身安全。杆上触电者脱离电源后,用绳索将触电者送至地面。

**(2)现场急救处理**

当触电者脱离电源后,应根据触电者的具体情况,迅速对症救护。现场应用的主要救护方法是人工呼吸法和胸外心脏按压法。

1)对症救护

对于需要救治的触电者,大体按以下3种情况分别处理:

①如果触电者伤势不重、神志清醒,但有些心慌、四肢发麻、全身无力,或者触电者在触电过程中曾一度昏迷,但已经清醒过来,应使触电者安静休息,不要走动。严密观察并请医生前来诊治或送往医院。

②如果触电者伤势较重,已失去知觉,但心脏跳动和呼吸还存在,应使触电者舒适、安静地平卧;周围不围人,使空气流通;解开其衣服以利呼吸;如天气寒冷,要注意保温;速请医生诊治或送往医院。如果发现触电者呼吸困难、稀少或发生痉挛,应准备心脏跳动停止或呼吸停止后立即做进一步的抢救。

③如果触电者伤势严重,呼吸停止或心脏跳动停止,或二者都已停止,应立即施行人工呼吸和胸外心脏按压,并速请医生诊治或送往医院。

应当注意,急救要尽快地进行,不能只等候医生的到来而不救助,在送往医院的途中,也不能中止急救。

2)人工呼吸法

人工呼吸是在触电者呼吸停止后应用的急救方法。各种人工呼吸法中,以口对口(鼻)人工呼吸法效果最好,而且简单易学,容易掌握。

施行人工呼吸前,应迅速将触电者身上妨碍呼吸的衣领、上衣、裤带等解开,并迅速取出触电者口腔内妨碍呼吸的食物、脱落的假牙、血块、黏液等,以免堵塞呼吸道。

做口对口(鼻)人工呼吸时,应使触电者仰卧,并使其头部充分后仰(可用一只手托在触电者颈后),至鼻孔朝上,以利于呼吸道畅通。

口对口(鼻)人工呼吸法操作步骤如下:

①使触电者鼻(或口)紧闭,救护人深吸一口气后紧贴触电者的口(或鼻),向内吹气,为时约为2 s,如图4.2(a)所示。

②吹气完毕,立即离开触电者的口(或鼻),并松开触电者的鼻孔(或嘴唇),让他自行呼气,为时约为3 s,如图4.2(b)所示。

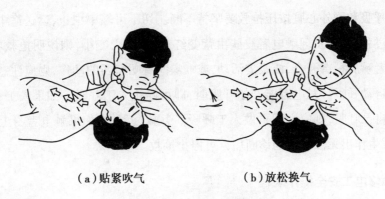

（a）贴紧吹气　　　　　　（b）放松换气

图 4.2　口对口吹气法

3）胸外心脏按压法

胸外心脏按压法是触电者心脏跳动停止后的急救方法。做胸外心脏按压法时应使触电者仰卧在比较坚实的地方,姿势与口对口(鼻)人工呼吸法相同。操作方法如下:

①救护人跪在触电者一侧或骑跪在其腰部两侧,两手相叠,手掌根部放在心窝上方,胸骨下 1/3～1/2 处,如图 4.3 所示。

②掌根用力垂直向下(脊背方向)挤压,压出心脏里面的血液。对成人应压陷 3～4 cm,以每秒钟挤压一次,每分钟挤压 60 次为宜。

③挤压后掌根迅速全部放松,让触电者胸部自动复原,血液充满心脏,放松时掌根不必完全离开胸部,如图 4.4 所示。

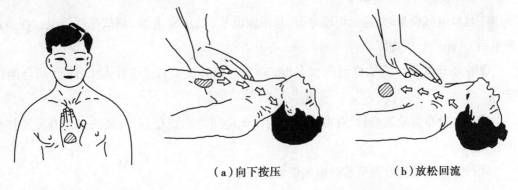

（a）向下按压　　　　　　（b）放松回流

图 4.3　胸外按压心脏的正确压位　　　图 4.4　人工胸外按压心脏法

触电者如是儿童,可以只用一只手挤压,用力要轻一些以免损伤胸骨,而且每分钟宜挤压 100 次左右。

应当指出,心脏跳动和呼吸是互相联系的。心脏停止跳动了,呼吸很快就会停止,呼吸停止了,心脏跳动也维持不了多久。一旦呼吸和心脏跳动都停止了,应当同时进行口对口(鼻)人工呼吸和胸外心脏按压。如果现场仅一个人在抢救,两种方法应交替进行;每吹气 2～3 次,再挤压 10～15 次。而且吹气和挤压的速度都应当提高一些,以不降低抢救成果。

施行人工呼吸和胸外心脏按压抢救要坚持不断。切不可轻率中止,运送途中也不能中止抢救。在抢救过程中,如发现触电者皮肤由紫变红,瞳孔由大变小,则说明抢救收到了效果;如果发现触电者嘴唇稍有开合,或眼皮活动,或喉咙间有咽东西的动作,则应注意其是否有自动心脏跳动和自动呼吸。触电者能开始呼吸时,即可停止人工呼吸。如果人工呼吸停止后,触电者仍不能自己呼吸,则应立即再做人工呼吸。急救过程中,如果触电者身上出现尸斑或身体僵冷,经医生作出无法救活的诊断后方可停止抢救。

### 4.1.6 维修电工安全操作规程

安全文明生产是每个职工不能忽视的重要内容。违反安全操作规程,会造成人身事故和设备事故,不仅对国家和企业造成经济损失,而且也直接关系到个人的生命安全。

维修电工安全技术操作规程,一般包括以下内容:

**(1)岗前的检查和准备工作**

①上班前必须按规定穿戴好工作服、工作帽、工作鞋。女同志应戴工作帽。

②在安装或维修电气设备时,要清扫工作场地和工作台面,防止灰尘等杂物落入电气设备内造成故障。

③上班前不准饮酒,工作时应集中精力,不准做与本职工作无关的事。

④必须检查工具、测量仪表和防护用具是否完好。

**(2)文明操作和安全技术**

①检修电气设备时,应先切断电源,并用验电笔(低压验电器)测试是否带电。在确定不带电后,才能进行检查修理。

②在断开电源开关检修电气设备时,应在电源开关处挂上"有人工作,严禁合闸!"的标牌。

③电气设备拆除送修后,对可能来电的线头应用绝缘胶布包好,线头必须有短路接地保护装置。

④严禁非电气作业人员装修电气设备和线路。

⑤严禁在工作场地,特别是易燃、易爆物品的生产场所吸烟及明火作业,防止火灾发生。

⑥使用起重设备吊运电动机、变压器时,要仔细检查被吊重物是否牢固,并有专人指挥,不准歪拉斜吊,吊物下或旁边严禁站人。

⑦在检修电气设备内部故障时,应选用 36 V 的安全电压灯泡作为照明。

⑧电动机通电试验前,应先检查绝缘是否良好,机壳是否接地。试运转时,应注意观察转向,听声音,测温度。工作人员要避开联轴节旋转方向,非操作人员不许靠近电动机和试验设备,防止高压触电。

⑨拆卸和装配电气设备时,操作要平稳,用力应均匀,不要强拉硬敲,防止损坏电气设备。

⑩在烘干电动机和变压器绕组时,不准在烘房或烘箱周围存放易燃易爆物品,不准在烘箱附近用易燃溶剂清洗零件或喷刷油漆。定子、转子绕组浸漆后烘干时,应按工艺规程进行。必须在漆滴尽后放入烘箱内的铁网架上,严禁与电阻丝直接接触,严禁超量超载。烘烤时要有专人值班,随时注意温度变化,并做好记录。

⑪在过滤变压器油时,应先检查好滤油机并接好地线。滤油现场严禁烟火。

**(3)下班前的结束工作**

①下班前清理好现场,擦净仪器和工具上的油污和灰尘,并放入规定位置或归还工具室。

②下班前要断开电源总开关,防止电气设备起火造成事故。

③修理后的电器应放在干燥、干净的工作场地,并摆放整齐。

④做好检修电气设备后的故障记录,积累修理经验。

# 4.2 电气文明生产基本知识

## 4.2.1 对电气生产场地的工具、材料及卫生要求

**(1)对电气生产场地的工具和材料摆放的要求**

对电气生产场地的工具、材料应存放在干燥通风的处所,电气安全用具与其他工具不许混放在一起,并符合下列要求:

①绝缘杆应悬挂或架在支架上,不应与墙接触。

②绝缘手套应存放在密闭的橱内,并与其他工具仪表分别存放。

③绝缘靴应放在橱内,不应代替一般套鞋使用。

④绝缘垫和绝缘台应经常保持清洁,无损伤。

⑤高压验电笔应存放在防潮的匣内,并放在干燥的地方。

⑥安全用具和防护用具不许当其他工具使用。

另外,还应考虑操作、维护、检修、试验、搬运的方便和安全,各个电气设备之间的尺寸应满足安全净距的要求。

为了防止电火花或危险温度引起火灾,开关、插头、熔断器、电热器具、照明器具、电焊设备、电动机等均应根据需要,适当避开易燃或易爆建筑构件。

**(2)对电气生产场地和环境的卫生要求**

按维护周期对设备进行清扫检查。保持设备的清洁,做到无油污、无积灰;油、气、水管道

阀门无渗漏;瓷件无裂纹;电缆沟无积水、积油和杂物,盖板齐全;现场照明完好。

每班对值班室、控制室的家具、地面、继电器、电话机等清扫一次,并整理记录本、图纸、书籍,经常保持整齐清洁。

建立卫生责任区,落实到人。每月进行 1~2 次大清扫,清扫场地、道路,保持无积水、油污,无垃圾和散落器材。安全用具和消防设施应齐全合格。

变电站或有条件的配电站,要有计划地搞好绿化工作,站内草坪、花木要定期修剪,设备区的草高不得超过 300 mm,不准种植高秆作物。

金属构架和固定遮栏要定期刷漆,保持清洁美观。

### 4.2.2　保证安全文明生产的规章制度

#### (1)电气维修值班制度

电气设备维修值班一般应有两人以上,尤其是高压设备。不论高压设备带电与否,维修值班人员不得单独移开或越过遮栏进行工作;若有必要移开遮栏,必须有监护人在场。

#### (2)电气设备维修巡视制度

电气设备的维修巡视,一般均由两人进行。巡视高压设备时,不得进行其他工作,不得移开或越过遮栏。

雷雨天气需要巡视室外高压设备时,应穿绝缘靴,并不得靠近避雷器和避雷针。高压设备发生故障接地时,为预防跨步电压,室内不得接近故障点 4 m 以内,室外不得接近故障点 8 m 以内。进入上述范围的人员必须穿绝缘靴。接触设备的外壳和构架时,应戴绝缘手套。

#### (3)工作票制度

在电气设备上工作,应填用工作票或按命令执行,其方式有下列 3 种:

1)第一种工作票

填用第一种工作票的工作为:高压设备上工作需要全部停电或部分停电的;高压室内的二次接线和照明等回路上的工作,需要将高压设备停电或采取安全措施的。第一种工作票的格式见表 4.1。

2)第二种工作票

填用第二种工作票的工作为:带电作业和在带电设备外壳上的工作;在控制盘和低压配电盘、配电箱、电源干线上的工作;在二次接线回路上的工作;无需将高压设备停电的工作;在转动中的发电机、同期调相机的励磁回路或高压电动机转子电阻回路上的工作;非当值值班人员用绝缘棒和电压互感器定相或用钳形电流表测量高压回路的电流。第二种工作票的格式见表 4.2。

表 4.1 第一种工作票格式

编号:第___号

第一种工作票_____

1. 工作负责人(监护人):_____ 班组:_____

2. 工作人员:_____ 共_____人

3. 工作内容和工作地点:_____

4. 计划工作时间:自_____年_____月_____日_____时_____分

　　　　　　　　至_____年_____月_____日_____时_____分

5. 安全措施:

　　下列由工作票签发人填写　　　　　　　下列由工作票许可人填写

| 应拉断路器和隔离开关,包括填写前已拉断路器和隔离开关(注明编号) | 已拉断路器和隔离开关(注明编号) |
|---|---|
| 应装接地线(注明确实地点) | 已装接地线(注明接地线编号和装设地点) |
| 应设遮栏、应挂标示牌 | 已设遮栏、已挂标示牌(注明地点) |
| | 工作地点保留带电部分和补充安全措施 |
| 工作票签发人签名:<br>收到工作票时间:_____年___月___日___时___分<br>值班负责人签名: | 工作许可人签名:<br><br>值班负责人签名: |

(值班长签名:　　　　　　)

6. 许可开始工作时间:_____年_____月_____日_____时_____分

　　工作许可人签名:_____ 工作负责人签名:_____

7. 工作负责人变动:

　　原工作负责人_____ 离去变更_____为工作负责人。

　　变动时间:_____年_____月___日_____时_____分

　　工作票签发人签名:_____

8. 工作票延期,有效期延长到:_____年_____月_____日_____时_____分

　　工作负责人签名:_____ 值班长或值班负责人签名:_____

9. 工作终结:

　　工作班人员已全部撤离,现场已清理完毕。

全部工作于_____年_____月_____日_____时_____分结束。

工作负责人签名:_____ 工作许可人签名:_____

接地线共_____组已拆除。值班负责人签名:_____

10. 备注:_____

表4.2　第二种工作票格式

编号:第＿＿＿号

第二种工作票＿＿＿＿＿＿＿＿＿＿＿＿＿＿＿＿＿＿＿＿＿＿＿＿＿＿＿＿＿＿

1. 工作负责人(监护人):＿＿＿＿＿＿＿＿＿＿＿＿＿＿　班组:＿＿＿＿＿＿

　　班组人员:＿＿＿＿＿＿＿＿＿＿＿＿＿＿＿＿＿＿＿＿＿＿＿＿＿＿＿＿

2. 工作任务:＿＿＿＿＿＿＿＿＿＿＿＿＿＿＿＿＿＿＿＿＿共＿＿＿＿＿人

3. 计划工作时间:自＿＿＿＿年＿＿＿月＿＿＿日＿＿＿时＿＿＿分

　　　　　　　　至＿＿＿＿年＿＿＿月＿＿＿日＿＿＿时＿＿＿分

4. 工作条件(停电或不停电):＿＿＿＿＿＿＿＿＿＿＿＿＿＿＿＿＿＿＿＿

5. 注意事项(安全措施):＿＿＿＿＿＿＿＿＿＿＿＿＿＿＿＿＿＿＿＿＿＿

　　　　　　　　　　　　　　　　　　工作票签发人签名:＿＿＿＿＿＿

6. 许可开始工作时间:＿＿＿＿年＿＿＿月＿＿＿日＿＿＿时＿＿＿分

　　工作许可人签名:＿＿＿＿＿＿＿＿＿＿　工作负责人签名:＿＿＿＿＿＿

7. 工作结束时间:＿＿＿＿＿年＿＿＿月＿＿＿日＿＿＿时＿＿＿分

　　工作负责人签名:＿＿＿＿＿＿＿＿＿＿　工作许可人(值班人)签名:＿＿＿＿＿＿

8. 备注:＿＿＿＿＿＿＿＿＿＿＿＿＿＿＿＿＿＿＿＿＿＿＿＿＿＿＿＿＿＿

　　＿＿＿＿＿＿＿＿＿＿＿＿＿＿＿＿＿＿＿＿＿＿＿＿＿＿＿＿＿＿＿＿

3)口头或电话命令

口头或电话命令是用于第一种和第二种工作票以外的其他工作。口头或电话命令,必须清楚正确,值班员应将发令人、负责人及工作任务详细记入记录簿中,并向发令人复诵核对一遍。

工作票一式填写两份,一份必须经常保存在工作地点,由工作负责人收执;另一份由值班员收执,按班移交。在无人值班的设备上工作时,第二份工作票由工作许可人收执。

执行工作票的作业,必须有人监护。在工作间断、转移时执行间断、转移制度。工作终结时,执行终结制度。

**(4)工作许可制度**

为了进一步确保电气作业的安全进行,完善保证安全的组织措施,对于工作票的执行,规定了工作许可制度,即未经工作许可人(值班员)允许,不准执行工作票。

1)工作许可手续

工作许可人(值班员)认定工作票中安全措施栏内所填的内容正确无误且完善后,去施工现场具体实施。然后会同工作负责人在现场再次检查必要的接地、短路、遮拦和标示牌是否装设齐备,以手触试已停电并已接地和短路的导电部分,证明确无电压,同时向工作负责人指明带电设备的位置及工作中的注意事项。经工作负责人确认后,工作负责人和工作许可人在工作票上分别签名。完成上述许可手续后,工作班人员方可开始工作。

2)执行工作许可制度应注意的事项

工作许可人、工作负责人任何一方不得擅自变更安全措施。值班人员不得变更有关检修设备的运行接线方式。工作中如有特殊情况需变更时,应事先取得对方的同意。

**(5)工作监护制度**

监护制度是指工作人员在工作过程中必须受到监护人的指导和监管,以及时纠正不安全的操作和其他的危险误动作。特别是在靠近有电部位工作及工作转移时,监护工作更为重要。

1)监护人的职责范围

工作负责人同时又是监护人。工作票签发人或工作负责人可根据现场的安全条件、施工范围、工作需要等具体情况,增设专人进行监护工作,并指定被监护的人数。

工作期间,工作负责人(监护人)若因故需离开工作地点时,应指定能胜任的人员临时代替监护人的职责,离开前将工作现场情况向指定的临时监护人交代清楚,并告知工作班人员。原工作班负责人返回工作地点时,也履行同样的交接手续。如果工作负责人需长时间离开现场,应由原工作票签发人变更新工作负责人,并进行认真交接,专职监护人不得兼做其他工作。

2)执行监护

完成工作许可手续后,工作负责人(监护人)应向工作班人员交代现场的安全措施、带电部位和其他注意事项。工作负责人(监护人)必须始终在工作现场,对工作班人员的安全认真监护,及时纠正违反安全的动作,防止意外情况的发生。

所有工作人员(包括监护人),不许单独留在室内和室外变电所高压设备区内。若工作需要一个人或几个人同时在高压室内工作,如测量极性、回路导通试验等工作时,必须满足两个条件:一是现场的安全条件允许;二是所允许工作的人员要有实践经验。监护人在这项工作之前要将有关安全注意事项作详细指示。

值班人员如发现工作人员违反安全规程或发现有危及工作人员安全的任何情况,均应向工作负责人提出改正意见,必要时暂时停止工作,并立即向上级报告。

**(6)临时线安全规程**

①临时线应有严格的审批制度,一般应经动力部门和安全技术部门审批,临时线最长使用期限为7 d,使用完毕应立即拆除。

②电源开关、插座等若需装在户外,应有防雨的箱子保护。电器应安装牢固,防护罩壳齐

全、完好。

③装置临时线的一般安全要求如下：

a.装置临时线需用绝缘良好的胶皮电缆，要采取悬空架设或沿墙敷设，禁止在树上或脚手架上挂线。

b.全部临时线装置必须有一总开关控制，每一分路需装设熔断器。

c.所有电气设备和金属外壳需有良好的接地线。

d.临时线放在地面上的部分，应加以可靠保护。如用胶皮线橡套电缆，则应在过路处设有硬质的套管保护，管口要安装防护圈，以防止割破电线。

**（7）电气设备维护保养制度**

各种电气设备在运行过程中会产生各种各样的故障，致使设备停止运行而影响生产，严重的还会造成人身或设备事故。为了保证设备的正常运行，以减少电气修理的停机时间，提高设备的利用率和劳动生产率，必须十分重视对电气设备的维护和保养。

电气设备维护保养制度包括：维护保养对象、维护保养的工作内容和电气设备的维护保养周期等。

根据具体保养对象，制订相应的维护保养工作内容和周期。如电动机的日常维护保养为：经常保持电动机的表面清洁，保持良好的通风条件，经常检查测量绝缘电阻，检查接地装置，检查温升是否正常，检查轴承是否有发热漏油现象等。其他电气设备的维护保养，可参考相应的手册。

# 4.3　电气生产环境保护

## 4.3.1　环境污染的概念

### （1）环境

《中华人民共和国环境保护法》对环境含义的解释是："……环境，是指影响人类生存和发展的各种天然的和经过人工改造的自然因素的总体，包括大气、水、海洋、土地、矿藏、森林、草原、野生生物、自然遗迹、人文遗迹、自然保护区、风景名胜区、城市和乡村等。"由此可知，环境是人类生存、活动、发展的总体，是以人类为中心的。

### （2）环境污染

环境污染是指由于人类活动把大量有毒有害污染物质排入环境，这些物质在环境中积聚，使环境质量下降，以致危害人类及其他生物正常生存和发展的现象，如大气污染、水污染、噪声污染等。

与环境污染相关且并称的另一概念是公害。它是指由于环境污染和破坏,对多数人的健康、生命、财产及生活舒适性造成的公共性危害,如地面沉降、恶臭、电磁辐射和振动等。有时,不严格区分环境污染与公害。

与环境污染相近的另一概念是生态破坏。它是由于人类不合理地开发利用自然环境和自然资源,致使生态系统的结构和功能遭到损坏,而威胁人类及其他生物正常生存和发展的现象,如森林破坏、草原退化、水土流失、土地沙漠化、水源枯竭等。环境污染与生态破坏相互影响。

### 4.3.2 电磁辐射污染与电磁噪声污染

#### (1)电磁辐射污染

电磁辐射污染又称为电子雾污染,是各种电器工作时所产生的各种不同波长频率的电磁波。有些电磁波可以穿透包括人体在内的多种物质,杀伤或杀死人体细胞。电磁波还会影响人体的循环系统和免疫、生殖、代谢功能,孕妇发生流产或胎儿畸形,严重的还会诱发癌症,使儿童易患白血病等。电磁波还破坏人的心血管系统,对人的视觉系统也有损伤。另外,高剂量的电磁辐射还会影响人体原有的生物电流和生物磁场,使人体内原有的电磁场发生异常。

发射频率为 $100\ kHz \sim 3 \times 10^5\ MHz$ 的电磁波,通常称为射频电磁辐射。如无线电广播、电视、微波通信、高频加热等各种射频设备的辐射。

长期在射频电磁辐射作用下的人会出现乏力、记忆力减退及神经衰弱症,出现心悸、心前区疼痛、胸闷、脱发、女性月经紊乱等症状。医院临床检查,这些人的脑电波呈现慢波增多、血压偏低、心率减慢、心电图波形改变等。此外,有些人还可出现眼的晶状体混浊和空泡增多,发生白内障;男性睾丸受损伤,雄性激素分泌减少等。

影响人类生活环境的电磁污染源,可分为自然的和人为的两大类。

1)自然的电磁污染

自然的电磁污染源是由某些自然现象引起的。最常见的雷电,除了可能对电气设备、飞机、建筑物等直接造成危害外,而且会在广大地区从几千赫到几百兆赫以上的极宽频率范围内产生严重的电磁干扰。此外,如火山爆发、地震和太阳黑子活动引起的磁暴等都会产生电磁干扰。自然的电磁污染对短波通信的干扰特别严重。

2)人为的电磁污染

①脉冲放电。切断大电流电路时产生的火花放电,其瞬时电流很大,频率很高,会产生很强的电磁干扰。

②电磁场。在大功率电机、变压器以及输电线附近的电磁场,并不以电磁波形式向外辐

射,但在近场区会产生严重的电磁干扰。

③射频电磁辐射。射频电磁辐射主要是热效应,即机体把吸收的射频能转换为热能,形成由于过热而引起的损伤。射频辐射也有非致热作用。

**(2)电磁噪声污染**

噪声就是声强和频率的变化均无规律的声音。只要使人烦躁、郁闷、不受人欢迎的声音,都可看作噪声。噪声可分为气体动力噪声、机械噪声和电磁噪声。在这里只介绍电磁噪声。

电器元件在交变磁场的作用下受迫振动,牵连周围空气质点也随之作同频率的振动,振动传播开去,便产生了声音。变压器、发电机发出的嗡嗡声,收音机发出的交流声等,均为电磁噪声。

当今噪声已构成环境污染的一个重要方面,其危害主要表现在以下几个方面:

1)损伤听力

人类对噪声危害的最早认识是噪声能使听力受到损伤。尽管人耳有一定的适应能力,回到安静的环境后,听力会逐渐恢复正常。但当噪声所产生的影响大到依靠人的本能已无法消除时,听力便开始衰退,持续下去内耳器官就将发生器质性病变,进而发展到耳聋、听力完全丧失。

2)影响睡眠

噪声会对睡眠产生干扰,连续的噪声能使人梦多,熟睡的时间缩短。

3)危害健康

大量事实表明,噪声能使消化系统、心血管系统、神经系统的功能紊乱,甚至失去平衡。由于噪声的干扰,肠、胃蠕动速度变慢,导致消化系统功能紊乱,出现消化不良的症状。噪声使血管收缩,供血量减少,血液循环减慢,进而心律不齐,血压升高,导致心血管疾病的发生和发展。在噪声的影响下,大脑长时间处于兴奋状态而不能抑制。由于神经系统失去平衡,于是引起失眠、疲劳、头昏、记忆力衰退等症状。近年来,人们又发现,噪声还能刺激毒物的活性,使毒物致病能力增强,并能加快人体吸收毒物的速度。

4)影响情绪

长时间与强噪声接触,人会感到烦躁不安,并且容易激动和发怒,甚至丧失理智。

5)对儿童和胎儿的影响

噪声会影响儿童和胎儿的发育,甚至造成畸形。

### 4.3.3 电磁辐射污染与电磁噪声污染的控制

**(1)电磁辐射污染的控制**

电磁辐射污染的控制主要指场源的控制与电磁能量传播的控制两个方面。屏蔽是控制电磁能量传播的手段。所谓屏蔽,是指用技术手段将电磁辐射的作用与影响局限在一定的范围之内。电磁屏蔽分为两类:主动场屏蔽和被动场屏蔽。前者是将电磁场的作用限定在某个范围之内,使其不对限定范围以外的生物机体或仪器设备发生影响,它主要是用来防止场源对外的影响。后者是使外部场源不对指定范围之内的生物机体或仪器设备发生作用,场源位于屏蔽体之外,屏蔽体用来防止外部场源对内的影响。

个人的防护是要远离电磁辐射污染源、采用屏蔽措施等,以免使自己长时间暴露在超剂量辐射的危险之中。

**(2)电磁噪声污染的控制**

只有声源、传播途径和接收者同时存在才能对听者产生干扰。因此,要对噪声进行控制,就必须从控制声源(降低噪声源本身辐射的声功率)、控制传播途径(中断和改变传播途径使声能转变成热能)以及加强个人防护这3个方面入手。

1)声源控制

降低环境噪声,需要行政管理、城市规划和建筑设计等方面采取综合措施。行政管理就是制订各地区、各行业的环境噪声标准,以控制声源为主。然而,消除噪声污染的根本途径是采用技术手段,减低噪声源本身的噪声。例如,用无声焊接代替高噪声的铆接,用低音扬声器代替高音扬声器等,都能达到降低噪声源噪声的目的。

2)声音传播途径控制

在声波前进的道路上设置障碍,以中断其传播途径,或将噪声源屏蔽起来,使声波难以传播开去。对声音传播途径进行控制的方法有吸声、隔声、消声等。

①吸声,就是利用吸声材料或吸声结构来吸收声能。其方法是将吸声材料(如多孔海绵板)固定在天花板和墙壁之上,以吸收反射声波。另外,可用薄板、空腔共振、微穿孔板等吸声结构做成吸声体悬挂在室内,以吸收室内的混响声。

②隔声,就是用屏蔽物将声音挡住,以中断其传播途径。日常生活中常用门窗来屏蔽室外的噪声。由于声波是弹性波,因此仍然会有部分声波辐射进来。为了提高隔声效果,应采用双层或多层门、窗。工业上采用的典型的隔声结构有隔声罩、隔声间和隔声屏障等。

③消声,就是运用消声器来削弱声能。通过吸声材料或声波反射与干涉,都能达到消声的目的。例如,装上了消声器的空调器,其噪声可降低 18 dB。

3)个人防护

室内办公和家用电器的设置不宜过密,使用办公和家用电器时间不宜过长。用耳塞、耳罩、耳棉等个人防护用品来防止噪声的干扰,在某些场合下是有效的。耳塞平均可隔声 20 dB 以上,结构和性能良好的耳罩可隔声 30 dB 左右。

# 第**5**章

# 职业技能鉴定

## 5.1　中级维修电工鉴定要求

**(1)适用对象**

使用电工工具和仪器、仪表,对设备电气部分(含机电一体化)进行安装、调试、维修的人员。

**(2)申报条件(具备下列条件之一者)**

①取得本职业初级职业资格证书后,连续从事本职业工作3年以上,经本职业中级工正规训练达规定标准时数,并取得毕(结)业证书。

②取得本职业初级职业资格证书后,连续从事本职业工作5年以上。

③连续从事本职业工作7年以上。

④取得经劳动保障行政部门审核认定的、以中级技能为培养目标的中等以上职业学校本职业(专业)毕业证书。

**(3)鉴定方式和考试时间**

①知识:笔试,100 min。

②技能:实际操作,3～4 h。

**(4)考试要求**

知识、技能满分各为100分,均在60分以上为合格。

## 5.2　中级维修电工知识要求

**(1)电路基础和计算知识**

戴维南定理的内容及其应用,电压源和电流源的等效变换;正弦交流电的分析表示方法(解析法、图形法、相量法),功率、效率及功率因数,相、线电流与相、线电压的概念和计算方法。

**(2)电工测量技术知识**

常用电工仪器、仪表的基本工作原理、使用方法、适用场合和减少测量误差的方法;电桥和通用示波器的使用和保养知识。

**(3)变压器知识**

中、小型电力变压器的构造及各部分的作用;变压器负载运行的相量图、外特性、效率特性、主要技术指标,三相变压器的并联运行;交、直流电焊机的构造、接线、工作原理和故障排除;变压器耐压试验的目的、方法、耐压标准、试验中绝缘击穿的原因及应注意的问题。

**(4)交流电动机知识**

三相旋转磁场产生的条件和三相绕组的分布原则;中、小型单、双速电动机定子绕组接线图的绘制方法和多速电动机出线盒的接线方法。

**(5)同步电动机知识**

同步电动机的种类、构造、一般工作原理、各绕组的作用及连接、一般故障的分析及排除方法。

**(6)直流电动机知识**

直流电动机的种类、构造、工作原理、接线、换向及改善换向的方法;直流电动机的机械特性及故障排除方法。

**(7)特种电机知识**

测速发电机、伺服电动机、电磁调速异步电动机和交磁电机扩大机的用途、构造、基本工作原理和检查、排除故障的方法。

**(8)电动机试验知识**

交、直流电动机耐压试验的目的、方法及耐压标准规范、试验中绝缘击穿的原因及应注意的问题。

**(9)高压电器知识**

额定电压10 kV以下的高压电器,如油断路器、负荷开关、隔离开关、互感器等耐压试验的目的、方法、耐压试验标准及试验中绝缘击穿的原因。

（10）低压电器知识

常用低压电器交、直流灭弧装置的灭弧原理及作用和构造；接触器、继电器、自动空气开关、电磁铁等的检修工艺和质量标准。

（11）电力拖动自动控制知识

交、直流电动机的启动、正反转、制动、调速的原理和方法；机床电气联锁装置、准确停止、速度调节系统的基本工作原理和调速方法；根据实物测绘较复杂的机床电气设备电气控制线路图的方法；几种典型生产机械的电气控制原理，如 Z3050 摇臂钻床、X62W 型万能铣床、M7475B 平面磨床、T610 型卧式镗床、20/5 t 桥式起重机等。

（12）可编程序控制器知识

PLC 的组成、特点、基本工作原理、接口电路及应用场合。

（13）晶体管电路知识

模拟电路基础：共发射极放大电路、反馈电路、阻容耦合、多级放大电路、功率放大电路、振荡电路、直流耦合放大电路及其应用知识；晶闸管结构、工作原理、型号及参数，单结晶体管、晶体管触发电路的工作原理；单相半波、全波和三相半波可控整流电路的工作原理；数字电路基础：晶体二极管、三极管的开关特性、基本逻辑门电路及应用知识。

（14）相关知识

焊接应用知识；一般机械零部件测绘制图的方法；设备起运吊装知识；节约用电和提高用电设备功率因数的方法。

# 5.3　中级维修电工技能要求

①主持拆装、修理 55 kW 以上异步电动机、60 kW 以下直流电动机并作修理后的接线及一般调试和试验。

②拆装和修理中、小型多速异步电动机和电磁调速电动机，并接线、试车。

③主持 10/0.4 kV，100 kVA 以下电力变压器吊心检查和换油。排除 1 000 kVA 以下电力变压器的一般故障，并进行维护、保养。

④安装、调试、检修较复杂的电气控制线路，如 Z3050 型摇臂钻床、X62W 型铣床、M7475B 型磨床、20/5 t 起重机等线路，并排除故障。

⑤装接较复杂电气控制线路的配电板，选择并整定电器。计算常用电动机、汇流排、导线（含电缆）等导线截面并核算其安全电流。

⑥完成车间低压动力、照明电路的安装、检修。检修低压电缆终端和中间接线盒。

⑦检修和排除直流电动机及其控制电路的故障。

⑧修理同步电动机(阻尼环、集电环接触不良,定子接线处开焊,定子绕组损坏)。

⑨检查和处理交流电动机三相绕组电流不平衡故障。

⑩正确使用仪器、仪表和工具,并做好维护保养工作。

⑪正确执行安全操作规程,遵守有关文明生产的规定,做到工作场地整洁,工件、工具摆放整齐。

## 5.4　维修电工国家职业标准

### 5.4.1　职业概况

**(1)职业名称**

维修电工。

**(2)职业定义**

从事机械设备和电气系统线路及器件等的安装、调试与维护、修理的人员。

**(3)职业等级**

本职业共设 5 个等级,分别为:初级(国家职业资格五级)、中级(国家职业资格四级)、高级(国家职业资格三级)、技师(国家职业资格二级)、高级技师(国家职业资格一级)。

**(4)职业环境**

室内、室外。

**(5)职业能力特征**

具有一定的学习、理解、观察、判断、推理和计算能力,手指、手臂灵活,动作协调,并能高空作业。

**(6)基本文化程度**

初中毕业。

**(7)培训要求**

1)培训期限

全日制职业学校教育,根据其培养目标和教学计划确定。晋级培训期限:初级不少于 500 标准学时;中级不少于 400 标准学时;高级不少于 300 标准学时;技师不少于 300 标准学时;高级技师不少于 200 标准学时。

2)培训教师

培训初、中、高级维修电工的教师应具有本职业技师以上职业资格证书或相关专业中、高级专业技术职务任职资格;培训技师和高级技师的教师应具有本职业高级技师职业资格证书,两年以上或本专业高级专业技术职务任职资格。

3)培训场地设备

标准教室及具备必要实验设备的实践场所和所需的测试仪表及工具。

**(8)鉴定要求**

1)适用对象

从事或准备从事本职业的人员。

2)申报条件

①初级(具备以下条件之一者)

a.经本职业初级正规培训达规定标准学时数,并取得毕(结)业证书。

b.在本职业连续见习工作3年以上。

c.本职业学徒期满。

②中级(具备以下条件之一者)

a.取得本职业初级职业资格证书后,连续从事本职业工作3年以上,经本职业中级正规培训达规定标准学时数,并取得毕(结)业证书。

b.取得本职业初级职业资格证书后,连续从事本职业工作5年以上。

c.连续从事本职业工作7年以上。

d.取得经劳动保障行政部门审核认定的、以中级技能为培养目标的中等以上职业学校本职业(专业)毕业证书。

③高级(具备以下条件之一者)

a.取得本职业中级职业资格证书后,连续从事本职业工作4年以上,经本职业高级正规培训达规定标准学时数,并取得毕(结)业证书。

b.取得本职业中级职业资格证书后,连续从事本职业工作8年以上。

c.取得高级技工学校或经劳动保障行政部门审核认定的、以高级技能为培养目标的高等职业学校本职业(专业)毕业证书。

d.取得本职业中级职业资格证书的大专以上本专业或相关专业毕业生,连续从事本职业工作3年以上。

④技师(具备以下条件之一者)

a.取得本职业高级职业资格证书后,连续从事本职业工作5年以上,经本职业技师正规培训达规定标准学时数,并取得毕(结)业证书。

b.取得本职业高级职业资格证书后,连续从事本职业工作10年以上。

c.取得本职业高级职业资格证书的高级技工学校本职业(专业)毕业生和大专以上本专业或相关专业毕业生,连续从事本职业工作满两年以上。

⑤高级技师(具备以下条件之一者)

　　a. 取得本职业技师职业资格证书后,连续从事本职业工作 3 年以上,经本职业高级技师正规培训达规定标准学时数,并取得毕(结)业证书。

　　b. 取得本职业技师职业资格证书后,连续从事本职业工作 5 年以上。

　　3)鉴定方式

　　分为理论知识考试和技能操作考核。理论知识考试采用闭卷笔试方式,技能操作考核采用现场实际操作方式。理论知识考试和技能操作考核均实行百分制,成绩皆达 60 分以上者为合格。技师和高级技师还需进行综合评审。

　　4)考评人员与考生配比

　　理论知识考试考评人员与考生配比为 1∶15,每个标准教室不少于两名考评人员;技能操作考核考评员与考生配比为 1∶5,且不少于 3 名考评员。

　　5)鉴定时间

　　理论知识考试时间为 120 min;技能考核时间为:初级不少于 150 min,中级不少于 150 min,高级不少于 180 min,技师不少于 200 min,高级技师不少于 240 min,论文答辩时间不少于 45 min。

　　6)鉴定场所设备

　　理论知识考试在标准教室进行;技能操作考核应在具备每人一套的待修样件及相应的检修设备、实验设备和仪表的场所里进行。

### 5.4.2　基本要求

**(1)职业道德**

1)职业道德基本知识

2)职业守则

①遵守法律、法规和有关规定。

②爱岗敬业,具有高度的责任心。

③严格执行工作程序、工作规范、工艺文件和安全操作规程。

④工作认真负责,团结合作。

⑤爱护设备及工具、夹具、刀具、量具。

⑥着装整洁,符合规定;保持工作环境清洁有序,文明生产。

**(2)基础知识**

1)电工基础知识

①直流电与电磁的基本知识。

②交流电路的基本知识。

③常用变压器与异步电动机。

④常用低压电器。

⑤半导体二极管、晶体三极管和整流稳压电路。

⑥晶闸管基础知识。

⑦电工读图的基本知识。

⑧一般生产设备的基本电气控制线路。

⑨常用电工材料。

⑩常用工具(包括专用工具)、量具和仪表。

⑪供电和用电的一般知识。

⑫防护及登高用具等使用知识。

2)钳工基础知识

①锯削:手锯、锯削方法。

②锉削:锉刀、锉削方法。

③钻孔:钻头简介、钻头刃磨。

④手工加工螺纹:内螺纹的加工工具与加工方法、外螺纹的加工工具与加工方法。

⑤电动机的拆装知识:电动机常用轴承种类简介、电动机常用轴承的拆卸、电动机拆装方法。

3)安全文明生产与环境保护知识

①现场文明生产要求。

②环境保护知识。

③安全操作知识。

4)质量管理知识

①企业的质量方针。

②岗位的质量要求。

③岗位的质量保证措施与责任。

5)相关法律、法规知识

①劳动法相关知识。

②合同法相关知识。

### 5.4.3 工作要求

本标准对初级、中级、高级的技能要求依次递进,高级别包括低级别的要求,见表5.1、表5.2。

(1)初级

表5.1　初级的工作要求

| 职业功能 | 工作要求 | 技能要求 | 相关知识 |
|---|---|---|---|
| 一、工作前准备 | (一)劳动保护与安全文明生产 | 1.能够正确准备个人劳保用品<br>2.能够正确采用安全措施保护自己,保证工作安全 | |
| | (二)工具、量具及仪器、仪表 | 能够根据工作内容合理选用工具、量具 | 常用工具、量具的用途和使用、维护方法 |
| | (三)材料选用 | 能够根据工作内容合理选用工具、量具 | 电工常用材料的种类、性能及用途 |
| | (四)读图与分析 | 能够读懂 CA6140 车床、Z535 钻床、5 t以下起重机等一般复杂程度机械设备的电气控制原理图及界限图 | 一般复杂程度机械设备的电气控制原理图、界限图的读图知识 |
| 二、装调与维修 | (一)电气故障检修 | 1.能够检查、排除动力和照明线路及接地系统的电气故障<br>2.能够检查、排除 CA6140 车床、Z535 钻床等一般复杂程度机械设备的电气故障<br>3.能够拆卸、检查、修复、装配、测试30 kW 以下三相异步电动机和小型变压器<br>4.能够检查、修复、测试常用低压电器 | 1.动力、照明线路及接地系统的知识<br>2.常见机械设备电气故障的检查、排除方法及维修工艺<br>3.三相异步电动机和小型变压器的拆装方法及应用知识<br>4.常用低压电器的检修及调试方法 |
| | (二)配线与安装 | 1.能够进行 19/0.82 以下多股铜导线的连接并恢复其绝缘<br>2.能够进行直径 19 mm 以下的电线铁管煨弯、穿线等明、暗线的安装<br>3.能够根据用电设备的性质和容量,选择常用电器元件与导线规格<br>4.能够按图样要求进行一般复杂程度机械设备的主、控线路配电板的配线及整机的电气安装工作<br>5.能够校验、调整速度继电器、温度继电器、压力继电器、热继电器等专用继电器<br>6.能够焊接、安装、测试单相整流稳压电路和简单的放大电路 | 1.电工操作技术与工艺知识<br>2.机床配线、安全工艺知识<br>3.电子电路基本原理及应用知识<br>4.电子电路焊接、安装、测试工艺方法 |
| | (三)调试 | 能够正确进行 CA6140 车床、Z535 钻床等一般复杂程度的机械设备或一般电路的试通电工作,能够合理应用预防和保护措施,达到控制要求,并记录相应的电参数 | 1.电气系统的一般调试方法和步骤<br>2.试验记录的基本知识 |

（2）中级

表 5.2　中级的工作要求

| 职业功能 | 工作要求 | 技能要求 | 相关知识 |
|---|---|---|---|
| 一、工作前准备 | （一）工具、量具及仪器、仪表 | 能够根据工作内容正确选用仪器、仪表 | 常用电工仪器、仪表的种类、特点及使用范围 |
| | （二）读图与分析 | 能够读懂 X62W 铣床、MGB420 磨床等较复杂机械设备的电气控制原理图 | 1. 常用较复杂机械设备的电气控制线路图<br>2. 较复杂电气图的读图方法 |
| 二、装调与维修 | （一）电气故障检修 | 1. 能够正确使用示波器、电桥、晶体管图示仪<br>2. 能够正确分析、检修、排除 55 kW 以下的交流异步电动机、60 kW 以下的直流电动机及各种特种电动机的故障<br>3. 能够正确分析、检修、排除交磁电动机扩大机、X62W 铣床、MGB1420 磨床等机械设备控制系统的电路及电气故障 | 1. 示波器、电桥、晶体管图示仪的使用方法及注意事项<br>2. 直流电动机及各种特种电动机的构造、工作原理和使用与拆装方法<br>3. 交磁电动机扩大机的构造、原理、使用方法及控制电路方面的知识<br>4. 单相晶闸管变流技术 |
| | （二）配线与安装 | 1. 能够按图样要求进行较复杂机械设备的主、控线路配电板的配线（包括选择电器元件、导线等），以及整台设备的电气安装工作 | 1. 不同位置的焊接工艺参数<br>2. 不同位置焊接的操作工艺要点 |
| | | 2. 能够按图样要求焊接晶闸管调速器、调功器电路，并用仪器、仪表进行测试 | 1. 埋弧焊工作原理、特点及应用范围<br>2. 埋弧焊自动调节原理 |
| | （三）测绘 | 能够测绘一般复杂程度机械设备的电气部分 | 埋弧焊工艺参数 |
| | （四）测试 | 能够独立进行 X26W 铣床、MGB1420 磨床等较复杂机械设备的通电工作，并能正确处理调试中出现的问题，经过测试、调整，最后达到控制要求 | 埋弧焊操作要点 |

# 5.5 中级维修电工技能鉴定考核评分记录表

中级维修电工技能鉴定考核评分记录表见表5.3—表5.7。

### 表5.3 常用线路安装评分表

考号＿＿＿＿＿ 姓名＿＿＿＿＿＿＿ 单位＿＿＿＿＿＿＿ 成绩＿＿＿＿＿

| 序号 | 考核内容及要求 | 配分 | 评分标准 | 扣分 | 得分 | 备注 |
|---|---|---|---|---|---|---|
| 1 | 检查元器件,并确定配线方案 | 2 | 1. 检查方法不正确或有漏检每处扣2分<br>2. 走线方案不合理每处扣1分 | | | |
| 2 | 识读电路图,并在图上按等电位原则编号 | 3 | 1. 主电路编号错(漏)一处扣1分<br>2. 控制电路编号错(漏)一处扣1分 | | | |
| 3 | 照图配线要求:<br>1. 槽外导线横平竖直不交叉,板内软线入槽<br>2. 工艺线横平竖直倒角90°,长线沉底,走线成束,线头不裸不松,羊眼圈合格<br>3. 按钮盒内软线头处理好 | 25 | 1. 错(漏)接一根线扣5分<br>2. 板内软线不入槽一根扣1分<br>3. 槽外线头交叉一处扣1分<br>4. 工艺线不合规范一处扣1分<br>5. 线头松裸一处扣1分<br>6. 羊眼圈过大或反圈一处扣1分<br>7. 软线头处理不好一处扣2分 | | | |
| 4 | 通电试车成功 | 10 | 1. 通电不成功但接线正确扣5分<br>2. 检修一次成功扣5分 | | | |
| 5 | 设图中电动机为380 V,5.5 kW,$I_N$ = 11.6 A<br>1. 按触器的主触头应选:$KM_1$＿＿A,$KM_2$＿＿A,$KM_3$＿＿A。<br>2. 主电路用铝芯绝缘线的截面为＿＿＿$mm^2$<br>3. FU 的熔体应为＿＿＿A | 10 | 1. 接触器主触头电流选错一个扣2分<br>2. 铝导线截面选错扣3分<br>3. 熔体的额定电流选错扣3分 | | | |
| | 小　计 | 50 | | | | |
| 说明 | 1. 电源进线(端子至FU)和主电路FR出线(至端子)共6根,要求做工艺线(用2.5 $mm^2$ 单股铝芯线)<br>2. 按钮控制线、电源进线、电动机引接线等必须经过接线端子<br>3. 主电路与控制电路用两种颜色的导线区分 | | | | | |

考评员:＿＿＿＿＿＿＿＿＿＿ 　　　　　　年　　月　　日

表5.4　机床模拟板排除故障评分记录表

考号_____　姓名_____　单位_____　成绩_____

| 序号 | 考核内容 | 考核要求 | 配分 | 评分标准 | 扣分 | 得分 | 备注 |
|---|---|---|---|---|---|---|---|
| 1 | 故障一12分 | 在原理图上的相关电路圈划故障范围 | 4 | 1. 范围过大(超过3个元件)扣2分<br>2. 范围圈错扣4分 | | | |
| | | 用仪表查找并排除故障 | 6 | 1. 未使用仪表扣2分<br>2. 未排除故障扣4分<br>3. 损坏电路扣4分 | | | |
| | | 在原理图上准确圈画故障点 | 2 | 1. 圈划不准确扣1分<br>2. 圈错扣2分 | | | |
| 2 | 故障二12分 | 在原理图上的相关电路圈划故障范围 | 4 | 1. 范围过大(超过3个元件)扣2分<br>2. 范围圈错扣4分 | | | |
| | | 用仪表查找并排除故障 | 6 | 1. 未使用仪表扣2分<br>2. 未排除故障扣4分<br>3. 损坏电路扣4分 | | | |
| | | 在原理图上准确圈画故障点 | 2 | 1. 圈划不准确扣1分<br>2. 圈错扣2分 | | | |
| 3 | 故障三12分 | 在原理图上的相关电路圈划故障范围 | 4 | 1. 范围过大(超过3个元件)扣2分<br>2. 范围圈错扣4分 | | | |
| | | 用仪表查找并排除故障 | 6 | 1. 未使用仪表扣2分<br>2. 未排除故障扣4分<br>3. 损坏电路扣4分 | | | |
| | | 在原理图上准确圈画故障点 | 2 | 1. 圈划不准确扣1分<br>2. 圈错扣2分 | | | |
| 4 | 安全操作 | 遵守操作规程,劳保用品穿戴整齐,尊重考评员,文明礼貌。 | 4 | 1. 不穿绝缘鞋扣2分<br>2. 损坏仪表扣4分 | | | |
| | 小　计 | | 40 | | | | |

考评员:_____　　　　　　　　　　　　年　　月　　日

**表 5.5　晶体管测试评分记录表**

考号＿＿＿＿＿＿＿　姓名＿＿＿＿＿＿＿＿＿＿　单位＿＿＿＿＿＿＿＿＿＿　成绩＿＿＿＿＿＿

| 序号 | 考核内容及要求 | 配分 | 评分标准 | 扣分 | 得分 | 备注 |
|---|---|---|---|---|---|---|
| 1 | 正确使用万用表 | 2 | 1.挡位选错扣1分<br>2.不调零扣1分 | | | |
| 2 | 判别晶体三极管的管型 | 3 | 1.差别错误一只扣2分<br>2.不会差别扣3分 | | | |
| 3 | 判别出晶体三极管的管脚 | 3 | 1.差别错误一只扣2分<br>2.不会差别扣3分 | | | |
| 4 | 判别结束时,万用表挡位放置 | 2 | 放置挡位错误扣2分 | | | |
| | 小　计 | 10 | | | | |

考评员：＿＿＿＿＿＿＿＿＿＿＿＿　　　　　　　　　　　　　　　年　　月　　日

**表 5.6　电动机绕组判别评分记录表**

考号＿＿＿＿＿＿＿　姓名＿＿＿＿＿＿＿＿＿＿　单位＿＿＿＿＿＿＿＿＿＿　成绩＿＿＿＿＿＿

| 序号 | 考核内容及要求 | 配分 | 评分标准 | 扣分 | 得分 | 备注 |
|---|---|---|---|---|---|---|
| 1 | 选择万用表测量挡位并调零 | 2 | 1.挡位选错扣2分<br>2.未校准零位扣1分 | | | |
| 2 | 分清电动机三相绕组并用干电池和万用表判别其首尾端,然后作△连接 | 6 | 1.3个绕组未分清扣2分<br>2.绕组首尾分不清扣2分<br>3.作△接法错误扣2分 | | | |
| 3 | 判别完毕,将万用表置于正确挡位,拆开绕组的6个线头 | 2 | 1.不取收表笔扣1分<br>2.挡位放置不正确扣2分<br>3.不拆开绕组的6个头扣1分 | | | |
| | 小　计 | 10 | | | | |

考评员：＿＿＿＿＿＿＿＿＿＿＿＿　　　　　　　　　　　　　　　年　　月　　日

### 表 5.7 三相功率表测量三相有功功率评分记录表

考号_____ 姓名_____ 单位_____ 成绩_____

| 序号 | 考核内容及要求 | 配分 | 评分标准 | 扣分 | 得分 | 备注 |
|---|---|---|---|---|---|---|
| 1 | 选择仪表正确,接线无误 | 5 | 选择仪表不正确扣 2 分;接线错误扣 3 分 | | | |
| 2 | 测量过程,准确无误 | 2 | 测量过程中,操作步骤每错一次扣 1 分 | | | |
| 3 | 测量结果在允许误差范围之内 | 2 | 测量结果有较大误差或错误扣 2 分 | | | |
| 4 | 对使用的仪器、仪表进行简单的维护保养 | 1 | 维护保养有误扣 1 分 | | | |
| | 小　计 | 10 | | | | |

考评员:_____ 　　　　　　　　　　　　年　　月　　日

# 附　录

## 附录1　维修电工技能考试 Z3050 模拟板故障设置题

| 题　号 | 故障点 | 题　号 | 故障点 |
|---|---|---|---|
| 1号 | ①2M 灯　W 相<br>②$KM_6$　V 相触片<br>③$SB_2$　接线条 4 号点 | 6号 | ①$FU_1$　V 相保险<br>②YA　灯坏<br>③$SB_2$　接线条 7 号点 |
| 2号 | ①$QS_1$　V 保险丝<br>②$FR_2$　2 U<br>③$KM_1$　(5-6)触头 | 7号 | ①接线条　2 U<br>②$FR_3$　3 V<br>③$KM_3$　26 号点 |
| 3号 | ①$FU_1$　W 保险丝<br>②$FR_3$　3 V<br>③$KM_2$　9 号点 | 8号 | ①$KM_2$　$U_{15}$点<br>②$FR_2$　$V_{17}$点<br>③KS　5 号点 |
| 4号 | ①1M 灯　V 相<br>②$KM_3$　W 相触片<br>③$QS_7$　2 号点 | 9号 | ①$FU_2$　V 相<br>②$KM_2$　$W_{15}$触头<br>③$KM_4$　(26-27)触头 |
| 5号 | ①$KM_2$　$V_{12}$<br>②$FR_1$　1 U<br>③$SB_1$　接线条 3 号点 | 10号 | ①$QS_1$　U 保险丝<br>②$FR_1$　1 W<br>③$KM_3$　线圈 20 号点 |

续表

| 题 号 | 故障点 | 题 号 | 故障点 |
|---|---|---|---|
| 11 号 | ①1M 灯　W 相<br>②$KM_2$　V 相触片<br>③$SB_6$　接线条 24 号点 | 22 号 | ①$FR_1$　$U_{14}$相<br>②$KM_5$　$U_{17}$相<br>③$FU_3$　保险 |
| 12 号 | ①3M 灯　V 相<br>②$KM_4$　W 相触片<br>③$SB_4$　接线条 9 号点 | 23 号 | ①$FR_3$　$V_{18}$点<br>②1M 灯　1 U<br>③$KM_6$　14 号点 |
| 13 号 | ①$KM_6$　$W_{16}$<br>②$FR_2$　2 V<br>③$KM_1$　接线条 8 号点 | 24 号 | ①$KM_3$　$V_{17}$点<br>②3M 接线条 3 U 点<br>③$KM_4$　(19-20)触头 |
| 14 号 | ①3M 灯　V 相<br>②$KM_1$　U 相触片<br>③$SB_6$　接线条 22 号点 | 25 号 | ①$FR_3$　$V_{18}$点<br>②$KM_4$　W 相触片<br>③$SQ_{4-2}$　16 号点 |
| 15 号 | ①$KM_1$　$W_{12}$<br>②$FR_3$　3 V<br>③$KM_1$　8 号点 | 26 号 | ①$KM_2$　W 相触片<br>②$KM_2$　(3-4)触头<br>③$SQ_{4-2}$　15 号点 |
| 16 号 | ①$KM_1$　V13 点<br>②$KM_6$　V18 点<br>③$KM_2$　线圈 6 号点 | 27 号 | ①2M 接线条 2 V 点<br>②$FR_3$　12 号点<br>③3M 灯　3 W 点 |
| 17 号 | ①$FR_1$　$W_{14}$<br>②$KM_4$　$V_{17}$<br>③$FR_2$　11 号点 | 28 号 | ①3M 灯　V 相<br>②$SQ_{4-1}$　18 号点<br>③$KM_1$　线圈 10 点 |
| 18 号 | ①$FU_2$　U 相保险<br>②$KM_3$　V 相触片<br>③$KM_5$　线圈套 4 号点 | 29 号 | ①$SA_5$　102 点<br>②$FR_3$　$W_{18}$点<br>③$SQ_{5-1}$　25 号点 |
| 19 号 | ①接线条　1 U<br>②$KM_6$　$W_{18}$<br>③$KM_4$　28 号点 | 30 号 | ①$FU_2$　W 相<br>②$FR_3$　13 号点<br>③$SQ_{2-2}$　23 点 |
| 20 号 | ①$FR_3$　$U_{18}$点<br>②$FU_4$　保险<br>③$FR_2$　12 号点 | 31 号 | ①$FR_2$　$U_{17}$点<br>②EL 灯坏<br>③$FR_2$　11 号点 |
| 21 号 | ①$KM_4$　$V_{16}$号点<br>②$FR_1$　$V_{13}$号点<br>③$KM_1$　13 触头 | 32 号 | ①$KM_3$　$U_{16}$点<br>②2M 接线条 2 V 点<br>③$SQ_{1-2}$　17 号点 |

| 题　号 | 故障点 | 题　号 | 故障点 |
|---|---|---|---|
| 33 号 | ①KM₃　U₁₇点<br>②FR₂　W₁₇点<br>③SQ₃₋₂　17 号点 | 37 号 | ①FR₂　2 W 点<br>②1M　接线条 1 W 点<br>③SQ₃₋₁　18 号点 |
| 34 号 | ①KM₆　W₁₆点<br>②KM₁　V 相触片<br>③KM₃　27 号点 | 38 号 | ①KM₄　W₁₇点<br>②2M 灯　U 相<br>③SQ₂₋₁　18 号点 |
| 35 号 | ①1M　接线条 1 U 点<br>②SA₅　101 点<br>③SQ₆　15 号点 | 39 号 | ①FR₃　3 W 点<br>②2M　接线条 2 W 点<br>③KM₁　(8-9)触头 |
| 36 号 | ①KM₆　U 相触片<br>②SQ₁₋₂　23 点<br>③FR₁　2 号点 | 40 号 | ①KM₆　V₁₈点<br>②EL 灯座　102 点<br>③SQ₁₋₁　19 号点 |

## 附录2　维修电工技能考试 Z3050 模拟板故障设置题

| 题　号 | 故障点 | 题　号 | 故障点 |
|---|---|---|---|
| 1 号 | ①接线条:4 W 出线端<br>②KM₄:V 相触片<br>③SB₃:6 号接线条进端 | 6 号 | QS₂:4 W 进线端<br>②FR₂:V15<br>③SB₃:12 号接线条进端 |
| 2 号 | ①QS₂:V 保险丝<br>②FR₂:3 U<br>③KM₂(12-13)触头 | 7 号 | ①QS₂:U 进线端<br>②KM₅:V 相触片<br>③KM₃:11 号点 |
| 3 号 | ①QS₂:W 保险丝<br>②FR₂:3 V<br>③KM₂:13 号点 | 8 号 | ①接线条:4 V 进线端<br>②KM₅:U 相触片<br>③KM₃(10-11)触头 |
| 4 号 | ①QS₂:U 保险丝<br>②FR₂:3 W<br>③KM₃ 线圈:13 号点 | 9 号 | ①FU₁:V 相<br>②KM₂:U 相触片<br>③KM₅ 线圈:19 号点 |
| 5 号 | ①QS₂:4 V 进线端<br>②FR₂:U15<br>③SB₃:接线条出端 | 10 号 | ①接线条:4 U 出线端<br>②KM₄:W 相触片<br>③KM₃ A 触点引线:10 号点 |

续表

| 题 号 | 故障点 | 题 号 | 故障点 |
|---|---|---|---|
| 11 号 | ①$QS_2$:4 U 进线端<br>②$FR_2$:W15<br>③$KM_2$ 触点引线:12 号 | 22 号 | ①$SQ_4$:202 号<br>②$KM_0$:$V_{13}$号<br>③$SB_4$:8 号接线条出端 |
| 12 号 | ①4M:V 灯泡<br>②$KM_1$:W 触头<br>③$SB_3$:6 号接线条进端 | 23 号 | ①$FU_2$:V 相<br>②1M 灯:W 相触片<br>③$KM_4$ 触点引线:18 号 |
| 13 号 | ①4M:U 灯泡<br>②$KM_1$:W 触头<br>③$SB_3$:6 号接线条进端 | 24 号 | ①$SQ_4$:201 号<br>②$KM_1$:$W_{13}$号<br>③$SB_4$:8 号接线条进端 |
| 14 号 | ①接线条:4 V 出线端<br>②$KM_4$:U 相触片<br>③$SB_4$:接线条出端 | 25 号 | ①SA:102 号点<br>②1M 灯:U 相触片<br>③$SB_6$:17 号接线条进端 |
| 15 号 | ①4M:W 灯泡<br>②$KM_1$:W 触头<br>③$QS_1$A:6 号 | 26 号 | ①SA:103 号点<br>②$FR_1$:1 W 号<br>③$SB_6$:17 号接线条端 |
| 16 号 | ①$QS_1$:$U_{11}$缺相<br>②$KM_3$:V 相触片<br>③$KM_5$ 触点引线:15 号 | 27 号 | ①$KM_1$:201 号<br>②$FR_1$:$W_{13}$号<br>③$SQ_3$:5 号 |
| 17 号 | ①$QS_1$:$L_2$ 保险丝<br>②$KM_3$:U 相触片<br>③$KM_5$:16 号点 | 28 号 | ①EL:灯座<br>②$FR_1$:1 U 号<br>③$SQ_3$:17 号点 |
| 18 号 | ①接线条:4 U 进线端<br>②$KM_5$:W 相触片<br>③$KM_2$ 线圈:11 号点 | 29 号 | ①$KM_1$ 触点(3 号:4 号)<br>②3M 灯:W 相<br>③$FR_2$:1 号点 |
| 19 号 | ①$QS_1$:$V_{11}$缺相<br>②$KM_2$:W 相触片<br>③$SB_5$:接线条出端 | 30 号 | ①$KM_1$:204 号<br>②$FR_1$:$V_{13}$号<br>③$FR_2$:5 号点 |
| 20 号 | ①$QS_1$:$L_1$ 保险丝<br>②$KM_3$ 线圈:W 相触片<br>③$KM_4$ 线圈:16 号点 | 31 号 | ①$KM_1$:触头<br>②$FR_1$:$U_{13}$号<br>③$SQ_2$A:7 号点 |
| 21 号 | ①$FU_1$:U 相<br>②$KM_2$:V 相触片<br>③$SB_5$:15 号接线条进端 | 32 号 | ①$FR_1$:1 号点<br>②3M 灯:U 相<br>③$SQ_1$B:7 号点 |

| 题　号 | 故障点 | 题　号 | 故障点 |
|---|---|---|---|
| 33 号 | ①$FU_3$:W 相<br>②1M 灯:V 相触片<br>③$SB_6$:17 号接线条出端 | 37 号 | ①EL:灯泡<br>②$FR_1$:1 V 号<br>③$SB_6$:22 号接线条进端 |
| 34 号 | ①$SQ_4$:203 号<br>②$KM_1$:$U_{13}$号<br>③$SQ_1B$:8 号 | 38 号 | ①$KM_1$:3 号<br>②2M 灯:U 相<br>③$SQ_2$:14 号 |
| 35 号 | ①$KM_1$ 线圈:4 号点<br>②2M 灯:V 相<br>③$SQ_2$:9 号点 | 39 号 | ①$KM_1$:4 号<br>②3M 灯:V 相<br>③$SQ_2$:7 号点 |
| 36 号 | ①$FR_1$:2 号点<br>②2M 灯:W 相<br>③$SQ_2$:7 号 | 40 号 | ①$FU_2$:U 相<br>②$FR_2$:W<br>③$KM_4$ 触点引线:19 号点 |

# 附录 3　理论知识试题精选

## 一、判断题

1.（ √ ）企业文化对企业具有整合的功能。

2.（ × ）员工在职业交往活动中,尽力在服饰上突出个性是符合仪表端庄具体要求的。

3.（ × ）在职业活动中一贯地诚实守信会损害企业的利益。

4.（ √ ）职业纪律中包括群众纪律。

5.（ × ）在电源内部由正极指向负极,即从低电位指向高电位。

6.（ × ）电压表的读数公式为:$U = E + I$。

7.（ × ）感应电流产生的磁通不阻碍原磁通的变化。

8.（ √ ）变压器是根据电磁感应原理而工作的,它只能改变交流电压,而不能改变直压。

9.（ × ）二极管具有单向导电性,是线性元件。

10.（ × ）游标卡尺测量前应清理干净,并将两量爪合并,检查游标卡尺的松紧情况。

11.（ × ）交流电压的量程有 10 V,100 V,500 V 三挡,用毕应将万用表的转换开关转到低电压挡,以免下次使用不慎而损坏电表。

12.（ × ）电伤伤害是造成触电死亡的主要原因,是最严重的触电事故。

13.（ × ）发电机发出的"嗡嗡"声,属于气体动力噪音。

14.（√）质量管理是企业经营管理的一个重要内容,是关系到企业生存和发展的重要问题。

15.（√）劳动者具有在劳动中获得劳动安全和劳动卫生保护的权利。

16.（×）某一电工指示仪表属于静电系仪表,这是从仪表的测量对象方面进行划分的。

17.（√）从提高测量准确度的角度来看,测量时仪表的准确度等级越高越好,而仪表的准确度越高,其价格也就越贵。

18.（×）电工指示仪表在使用时,准确度等级为 2.5 级的仪表可用于实验室。

19.（×）在 500 V 及以下的直流电路中,不允许使用直接接入的电表。

20.（×）电子测量的频率范围极宽,其频率低端已进入 $10^{-2} \sim 10^{-3}$ Hz 量级,而高端已达到 $4 \times 10^8$ Hz。

21.（×）在交流电路中功率因数 $\cos \varphi =$ 有功功率/（有功功率+无功功率）。

22.（×）在测量检流计内阻时,必须采用准确度较高的电桥去测量。

23.（√）电灯泡的灯丝断裂后,再搭上使用,灯泡反而更亮,其原因是灯丝电阻变小而功率增大。

24.（×）几个电容器串联后的总容量等于各电容器电容量之和。

25.（×）电容器从电源断开后,电容器两端的电压必为零。

26.（×）在实际工作中整流二极管和稳压二极管可互相代替。

27.（×）单结晶体管具有单向导电性。

28.（×）单向可控整流电路中,二极管承受的最大反向电压出现在晶闸管导通时。

29.（×）晶闸管的通态平均电压越大越好。

30.（×）高电位用"0"表示,低电位用"1"表示,称为正逻辑。

31.（√）低频信号发生器的频率完全由 RC 参数所决定。

32.（×）普通示波器所要显示的是被测电压信号随频率而变化的波形。

33.（×）直流双臂电桥在使用过程中,动作要迅速,以免烧坏检流计。

34.（√）要使显示波形在示波器荧光屏上左右移动,可以调节示波器的"X 轴位移"旋钮。

35.（√）交流接触器正常工作时发出轻微的嗡嗡声,若声音过大或异常,说明电磁系统有故障。

36.（×）变压器在使用中铁芯会逐渐氧化生锈,因此其空载电流就相应逐渐减小。

37.（×）单相电容式电动机是只有一相绕组和由单相电源供电的异步电动机。

38.（√）采用正负消去法可以消除测量系统误差。

39.（×）调节示波器"轴增益"旋钮可以改变显示波形在垂直方向的位置。

40.（ × ）变压器负载运行时效率等于其输入功率除以输出功率。

41.（ × ）钳形电流表不但可在不断开电路的情况下测电流,而且测量精度也很高。

42.（ √ ）用万用表测量电阻时,测量前和改变欧姆挡挡位后,都必须进行一次欧姆调零。

43.（ √ ）模拟式万用表的测量机构一般都采用磁电系直流微安表。

44.（ √ ）三相电力变压器并联运行可提高供电的可靠性。

45.（ √ ）变压器耐压试验的目的是检查绕组对地绝缘及和另一绕组间的绝缘。

46.（ × ）变压器负载运行时,副绕组的感应电动势、漏抗电动势和电阻压降共同与副边输出电压相平衡。

47.（ × ）在中、小型电力变压器的定期检查中,若通过储油柜的玻璃油位表能看到深褐色的变压器油,说明该变压器运行正常。

48.（ √ ）反接制动由于制动时对电机产生的冲击比较大,因此应串入限流电阻,而且仅用于小功率异步电动机。

49.（ √ ）双速三相异步电动机调速时,将定子绕组由原来的△接法改接成Y接法,可使电动机的极对数减少一半,使转速增加一倍,调速方法适用于拖动恒功率性质的负载。

50.（ √ ）不论采用交流电源法或直流电源法去判别异步电动机三相绕组首尾端,其所得的结果肯定是完全一致的。

51.（ √ ）应用短路测试器检查三相异步电动机绕组是否有一相短路时对于多路并绕或并联支路的绕组,必须各支路拆开。

52.（ √ ）电弧去游离主要是带电质点的复合和扩散。

53.（ × ）直流伺服电动机的优点是具有线性的机械特性,但启动转矩不大。

54.（ √ ）高压10 kV及以下的电压互感器交流耐压试验只有在通过绝缘电阻、介质损失角正切及绝缘油试验,认为绝缘正常后再进行交流耐压试验。

55.（ × ）RM10系列无填料封闭管式熔断器多用于低压电力网和成套配电装置中,其分断能力很大,可多次切断电路,不必更换熔断管。

56.（ √ ）位置开关是一种将机械信号转换为电气信号以控制运动部件位置或行程的控制电器。

57.（ √ ）电刷是用于电机的换向器或集电环上的滑动接触体。

58.（ √ ）转换开关又称为组合开关,多用在机床电气控制线路中作为电源引入开关。

59.（ × ）低压电器一般应水平安放在不易受振动的地方。

60.（ √ ）只要在绕线式电动机的转子电路中接入一个调速电阻,改变电阻的大小,就可平滑调速。

61. ( × )同步电动机一般都采用同步启动法。

62. ( × )测速发电机在自动控制系统和计算装置中,常作为电源来使用。

63. ( × )绕线式三相电动机,启动转矩与转子回路电阻的关系是电阻越大,启动转矩越大。

64. ( √ )在 380/220 V 中性点不接地电网中,保护接地是很有效的保安技术措施。

65. ( √ )接地装置应有足够的机械强度。

66. ( × )交流三相异步电动机定子绕组为同心式绕组时,同一个极相组的元件节距大小相等。

67. ( √ )交流伺服电动机的转子通常做成鼠笼式,但转子的电阻比一般异步电动机大得多。

68. ( × )交流伺服电动机电磁转矩的大小取决于控制电压的大小。

69. ( × )绕线式异步电动机在转子电路中串接频敏变阻器,用以限制启动电流,同时也限制了启动转矩。

70. ( √ )冷轧硅钢片性能优于热轧硅钢片,它有取代热轧硅钢片的趋势。

71. ( √ )并励式直流电动机励磁绕组电压和电枢绕组电压相等。

72. ( × )绕线式三相异步电动机,转子串电阻调速属于变极调速。

73. ( × )电磁调速异步电动机又称为多速电动机。

74. ( × ) Z3050 钻床,摇臂升降电动机的正反转控制继电器,不允许同时得电动作,以防止电源短路事故发生,在上升和下降控制电路中,只采用了接触器的辅助触头互锁。

75. ( √ )交磁扩大机电压负反馈系统的调速范围比转速负反馈调速范围要窄。

76. ( √ ) M7475B 平面磨床的线路中,当零压继电器 $KA_1$ 不工作,就不能启动砂轮电动机。

77. ( × )能耗制动的制动力矩与通入定子绕组中的直流电流成正比,因此电流越大越好。

78. ( √ )如果变压器绕组之间绝缘装置不适当,可通过耐压试验检查出来。

79. ( √ )三相异步电动机定子绕组同相线圈之间的连接应顺着电流方向进行。

80. ( √ ) BG-5 型晶体管功率方向继电器为零序方向时,可用于接地保护。

81. ( √ )火焊钳在使用时,应防止摔碰,严禁将焊钳浸入水中冷却。

82. ( √ )在小型串励直流电动机上,常采用改变励磁绕组的匝数或接线方式来实现调磁调速。

83. ( × )在有爆炸危险的场合,应当选用封闭式电动机。

84. ( √ )当生产机械的速度一定时,所选电动机转速越高,减速机构的传动比就越大。

85.（　×　）X6132 型万能铣主轴在变速时，为了便于齿轮易于啮合，需使主轴电动机长时间转动。

86.（　×　）X6132 型万能铣床工作台的左右运动时，手柄所指的方向与运动的方向无关。

87.（　×　）在 MGB1420 万能磨床的工件电动机控制回路中，M 的启动、点动及停止由主令开关 SA$_1$ 控制中间继电器 KA$_1$，KA$_2$ 来实现，开关 SA$_1$ 有两挡。

88.（　×　）在 MGB1420 万能磨床的晶闸管直流调速系统中，工件电动机必须使用绕线式异步电动机。

89.（　×　）在 MGB1420 万能磨床晶闸管直流调速系统控制回路的基本环节中，V34 为功率放大器为移相触发器。

90.（　√　）MGB1420 万能磨床晶闸管直流调速系统控制回路的辅助环节中，在电压微分负反馈环节中，调节 RP5 阻值大小，可以调节反馈量的大小。

91.（　√　）在 MGB1420 万能磨床晶闸管直流调速系统控制回路电源部分，由 V9 经 R20，V30 稳压后取得 +15 V 电压，以供给定信号电压和电流截止负反馈等电路使用。

92.（　√　）分析控制电路时，如线路较复杂，则可先排除照明、显示等与控制关系不密切的电路，集中进行主要功能分析。

93.（　√　）直流电动机转速不正常的故障原因主要有励磁回路电阻过大等。

94.（　√　）"短时"运行方式的电动机不能长期运行。

95.（　×　）电动机受潮，绝缘电阻下降，应拆除绕组，更换绝缘。

96.（　√　）在波型绕组的电枢上有短路线圈时，会同时有几个地方发热。电动机的极致越多，发热的地方就越多。

97.（　×　）换向器车好后，云母或塑料绝缘必须与换向器表面垂直。为此，把转子用挖削工具把云母片或塑料绝缘物下刻 1 ~ 2 mm。刻好后的云母槽必须和换向片成直角，侧面不应留有绝缘物。

98.（　×　）安装滚动轴承的方法一般有敲打法、钩抓法等。

99.（　√　）当切削液进入电刷时，会造成直流伺服电动机运转时噪声大。

100.（　√　）电磁调速电动机励磁电流失控时，应调整离合器气隙的偏心度，使气隙大小均匀一致。

101.（　×　）机电一体化产品是在传统的机械产品上加上现代电气而成的产品。

102.（　×　）X6132 型万能铣床的全部电动机都不能启动时，如果控制变压器 TC 无输入电压，可检查电源开关 SQ 触点是否接触好。

103.（　×　）当 X6132 型万能铣床主轴电动机已启动，而进给电动机不能启动时，接触器 KM$_3$ 或 KM$_4$ 不能吸合，则可能是限位开关 SQ$_3$ 触点接触不良造成的。

104. ( × ) MGB1420 型磨床电气故障检修时,如果 KM₃ 不能吸合,应检查电源电压、控制电压是否正常,检查热继电器 $FR_1$—$FR_4$ 是否跳开未复位,触点是否有接触不良现象。

105. ( × ) MGB1420 型磨床工件无级变速直流拖动系统故障检修时,锯齿波随控制信号电压改变而均匀改变,其移相范围应在 120°左右。

106. ( × )晶闸管调速电路常见故障中,电动机 M 的转速调不上去,可能是三极管 V35、V37 击穿。

107. ( √ )钳形电流表测量时应选择合适的量程,不能用小量程去测量大电流。

108. ( × )使用 3 只功率表测量,当出现表针反偏现象时,可继续测量不会对测量结果产生影响。

109. ( × )交流电桥的使用,要求电源电压波动幅度不大于±5%。

110. ( √ )直流电动机换向极的结构与主磁极相似。

111. ( √ )直流测速发电机,按电枢结构可分为普通有槽电枢、无槽电枢、空心电枢和圆盘式印制绕组电枢。

112. ( × )在单相半波可控整流电路中,调节触发信号加到控制极上的时刻,改变控制角的大小,无法控制输出直流电压的大小。

113. ( × )双向晶闸管的额定电流是指正弦半波平均值。

114. ( × ) X6132 型万能铣床的电气控制板制作前,应检测电动机三相电阻是否平衡,绝缘是否良好,若绝缘电阻低于 $0.5~M\Omega$,可继续使用。

115. ( √ ) X6132 型万能铣床线路左、右侧配电箱控制板的电气元件安装时,元件布置要美观、流畅、均匀。固定电气标牌。

116. ( × ) X6132 型万能铣床电动机的安装时,一般起吊装置可中途撤去。

117. ( × ) X6132 型万能铣床控制板安装时,在控制板和控制箱壁之间不允许垫螺母或垫片,以免通电后造成短路事故。

118. ( √ )机床的电气连接安装完毕后,若正确无误,则将按钮盒安装就位,关上控制箱门,即可准备试车。

119. ( × ) 20/5 t 桥式起重机安装前,应检查并清点电气部件和材料是否齐全。

120. ( √ )桥式起重机在室内安装时,室内的接地扁钢沿墙敷设,并安装固定扁钢的卡子。

121. ( √ )接地体制作完成后,深 0.8~1.0 m 的沟中将接地体垂直打入土壤中。

122. ( × )桥式起重机支架安装要求牢固、垂直、排列整齐。

123. ( √ )桥式起重机电源线接线完毕,用万用表检测是否有短路现象,确认完好后,在导管另一端套上封盖端帽。

124.（√）起重机照明及信号电路,电路所取得的电源,严禁利用起重机壳体作为电源回路。

125.（√）20/5 t 桥式起重机敷线时,进入接线端子箱时,线束用腊线捆扎。

126.（×）桥式起重机接线结束后,可立即投入使用。

127.（×）桥式起重机橡胶软电缆供、馈电线路采用拖缆安装方式,电缆移动端与小车上支架固定连接以减少钢缆受力。禁止在钢缆上涂黏油作润滑、防锈用。

128.（×）绕线式电动机转子的导线允许电流,不能按电动机的工作制确定。

129.（×）当工作时间超过 4 min 或停歇时间不足以使导线、电缆冷却到环境温度时,则导线、电缆的允许电流按反复短期工作制确定。

130.（×）根据穿管导线截面和根数选择线管的直径时,一般要求穿管导线的总截面不应超过线管内径截面的 60%。

131.（×）KCJ1 型小容量直流电动机晶闸管调速系统由给定电压环节、运算放大器电压负反馈环节、电流截止正反馈环节组成。

132.（×）小容量晶体管调速器电路由于采用了电流负反馈,有效地补偿了电枢内阻压降。

133.（×）X6132 型万能铣床主轴变速时主轴电动机的冲动控制时,先把主轴瞬时冲动手柄向下压,并拉到后面,转动主轴调速盘,选择所需的转速,再把冲动手柄以较快速度推回原位。

134.（√）X6132 型万能铣床工作台纵向移动由纵向操作手柄来控制。

135.（×）X6132 型万能铣床工作台的快速移动是通过点动与连续控制实现的。

136.（×）MGB1420 电动机空载通电调试时,给定电压信号逐渐上升时,电动机速度应平滑上升,无振动、无噪声等异常情况。否则反复调节 $RP_6$,直至最佳状态为止。

137.（×）电容器的容量在选择时,若选得太小,R 就必须很小,这将引起单结晶体管直通,就发不出脉冲。

138.（×）在 MGB1420 万能磨床中,可用钳型电流表测量设备的绝缘电阻。

139.（×）20/5 t 桥式起重机电动机定子回路调试时,反向转动手柄与正向转动手柄,短接情况是完全不同的。

140.（×）20/5 t 桥式起重机主钩上升控制时,将控制手柄置于上升第一挡,确认 SA-1,SA-4,SA-5,SA-7 闭合良好。

141.（×）20/5 t 桥式起重机主钩下降控制线路校验时,空载慢速下降时,应注意在"4"挡停留时间不宜过长。

142.（×）机械设备电气控制线路调试时,应先接入电机进行调试,然后再接入电阻性负载进行调试。

143.（ × ）电气测绘最后绘出的是安装接线图。

144.（ √ ）由于测绘判断的需要,一定要由熟练的操作工操作。

二、选择题

1.下列关于勤劳节俭的论述中,不正确的选项是（ B ）。

    A.勤劳节俭能够促进经济和社会发展

    B.勤劳是现代市场经济需要的,而节俭则不宜提倡

    C.勤劳和节俭符合可持续发展的要求

    D.勤劳节俭有利于企业增产增效

2.关于创新的论述,不正确的说法是（ D ）。

    A.创新需要"标新立异"        B.服务也需要创新

    C.创新是企业进步的灵魂        D.引进别人的新技术不算创新

3.（ C ）反映了在不含电源的一段电路中,电流与这段电路两端的电压及电阻的关系。

    A.欧姆定律                B.楞次定律

    C.部分电路欧姆定律        D.全欧姆定律

4.电功率常用的单位有（ D ）。

    A.瓦          B.千瓦         C.毫瓦        D.瓦、千瓦、毫瓦

5.电容两端的电压滞后电流（ B ）。

    A.30°        B.90°        C.180°        D.360°

6.三极管放大区的放大条件为（ C ）。

    A.发射结正偏,集电结反偏        B.发射结反偏或零偏,集电结反偏

    C.发射结和集电结正偏        D.发射结和集电结反偏

7.定子绕组串电阻的降压启动是指电动机启动时,把电阻串接在电动机定子绕组与电源之间,通过电阻的分压作用来（ D ）定子绕组上的启动电压。

    A.提高        B.减少        C.加强        D.降低

8.用手电钻钻孔时,要带（ C ）穿绝缘鞋。

    A.口罩        B.帽子        C.绝缘手套        D.眼镜

9.凡工作地点狭窄、工作人员活动困难,周围有大面积接地导体或金属构架,因而存在高度触电危险的环境以及特别的场所,则使用时的安全电压为（ B ）。

    A.9 V        B.12 V        C.24 V        D.36 V

10.高压设备室内不得接近故障点（ D ）以内。

    A.1 m        B.2 m        C.3 m        D.4 m

11. 下列污染形式中不属于生态破坏的是（　D　）。

　　A. 森林破坏　　　　B. 水土流失　　　　C. 水源枯竭　　　　D. 地面沉降

12. 下列控制声音传播的措施中（　D　）不属于吸声措施。

　　A. 用薄板悬挂在室内　　　　　　　B. 用微穿孔板悬挂在室内

　　C. 将多孔海绵板固定在室内　　　　D. 在室内使用隔声罩

13. 劳动者的基本义务包括（　A　）等。

　　A. 执行劳动安全卫生规程　　　　　B. 超额完成工作

　　C. 休息　　　　　　　　　　　　　D. 休假

14. 劳动安全卫生管理制度对未成年工给予了特殊的劳动保护,规定严禁一切企业招收未满（　C　）的童工。

　　A. 14 周岁　　　　B. 15 周岁　　　　C. 16 周岁　　　　D. 18 周岁

15. 与仪表连接的电流互感器的准确度等级应不低于（　B　）。

　　A. 0.1 级　　　　B. 0.5 级　　　　C. 1.5 级　　　　D. 2.5 级

16. X6132 型万能铣床工作台向后、（　A　）手柄压 $SQ_4$ 及工作台向左手柄压 $SQ_2$,接通接触器 $KM_4$ 线圈,即按选择方向做进给运动。

　　A. 向上　　　　B. 向下　　　　C. 向后　　　　D. 向前

17. X6132 型万能铣床工作台向前、（　B　）手柄压 $SQ_3$ 及工作台向右手柄压 $SQ_1$,接通接触器 $KM_3$ 线圈,即按选择方向做进给运动。

　　A. 向上　　　　B. 向下　　　　C. 向后　　　　D. 向前

18. X6132 型万能铣床工作台变换进给速度时,当蘑菇形手柄向前拉至极端位置且在反向推回之前借孔盘推动行程开关 $SQ_6$,瞬时接通接触器（　B　）,则进给电动机作瞬时转动,使齿轮容易啮合。

　　A. $KM_2$　　　　B. $KM_3$　　　　C. $KM_4$　　　　D. $KM_5$

19. X6132 型万能铣床主轴启动后,若将快速按钮 $SB_5$ 或 $SB_6$ 按下,接通接触器（　B　）线圈电源,接通 $YC_3$ 快速离合器,并切断 $YC_2$ 进给离合器,工作台按原运动方向作快速移动。

　　A. $KM_1$　　　　B. $KM_2$　　　　C. $KM_3$　　　　D. $KM_4$

20. X6132 型万能铣床控制电路中,机床照明由（　C　）供给,照明灯本身由开关控制。

　　A. 直流电源　　　B. 控制变压器　　　C. 照明变压器　　　D. 主电路

21. 在 MGB1420 万能磨床的砂轮电动机控制网路中,接通电源开关 $QS_1$ 后,220 V 交流控制电压通过开关（　B　）控制接触器 $KM_1$,从而控制液压、冷却泵电动机。

　　A. $SA_1$　　　　B. $SA_2$　　　　C. $SA_3$　　　　D. $QS_3$

22. 在 MGB1420 万能磨床的工件电动机控制回路中,主令开关 $SA_1$ 扳在开挡时,中间继电器 KA$_2$ 线圈吸合,从电位器( A )引出给定信号电压,同时制动电路被切断。

    A. RP$_1$           B. RP$_2$           C. RP$_3$           D. RP$_4$

23. 在 MGB1420 万能磨床晶闸管直流调速系统控制回路的辅助环节中,由 R29,( C ),R38 组成电压负反馈电路。

    A. R27           B. R26           C. R36           D. R37

24. X6132 型万能铣床控制回路一律使用( A )的塑料铜芯导线。

    A. 1.0 mm$^2$        B. 1.5 mm$^2$        C. 2.5 mm$^2$        D. 4 mm$^2$

25. X6132 型万能铣床电气控制板制作前绝缘电阻低于( B ),则必须进行烘干处理。

    A. 0.3 MΩ       B. 0.5 MΩ       C. 1.5 MΩ       D. 4.5 MΩ

26. X6132 型万能铣床制作电气控制板时,划出安装标记后进行钻孔、攻螺纹、去毛刺、修磨,将板两面刷防锈漆,并在正面喷涂( B )。

    A. 黑漆           B. 白漆           C. 蓝漆           D. 黄漆

27. X6132 型万能铣床线路采用沿板面敷设法敷线时,应采用( A )。

    A. 塑料绝缘单心硬铜线           B. 塑料绝缘软铜线

    C. 裸导线                   D. 护套线

28. 桥式起重机连接接地体的扁钢采用( A )而不能平放,所有扁钢要求平、直。

    A. 立行侧放      B. 横放           C. 倾斜放置         D. 纵向放置

29. 起重机桥箱内电风扇和电热取暖设备的电源用( B )电源。

    A. 380 V           B. 220 V           C. 36 V           D. 24 V

30. X6132 型万能铣床调试前,检查电源时,首先接通试车电源,用( B )检查三相电压是否正常。

    A. 电流表         B. 万用表         C. 兆欧表          D. 单臂电桥

31. X6132 型万能铣床主轴启动时,将换向开关( C )拨到标示牌所指示的正转或反转位置,再按按钮 SB$_3$ 或 SB$_4$,主轴旋转的转向要正确。

    A. SA$_1$           B. SA$_2$           C. SA$_3$           D. SA$_4$

32. X6132 型万能铣床主轴制动时,元件动作顺序为:SB$_1$(或 SB$_2$)按钮动作→KM$_1$,M$_1$ 失电→( A )常闭触点闭合→YCL 得电。

    A. KM$_1$           B. KM$_2$           C. KM$_3$           D. KM$_4$

33. X6132 型万能铣床主轴上刀制动时。把 SA$_{2-2}$ 打到接通位置;SA$_{2-1}$ 断开 127 V 控制电源,主轴刹车离合器( A )得电,主轴不能启动。

    A. YC$_1$           B. YC$_2$           C. YC$_3$           D. YC$_4$

34. MGB1420 万能磨床电流截止负反馈电路调整时,应将截止电流调至( D )左右。

    A. 1.5 A    B. 2 A    C. 3 A    D. 4.2 A

35. 20/5 t 桥式起重机的保护功能校验时,短接 Km 辅助触点和线圈接点,用万用表测量 $L_1$-$L_3$ 应导通,这时手动断开 $SA_1$,$SQ_1$,$SQ_{FW}$,( A ),$L_1$-$L_3$ 应断开。

    A. $SQ_{BW}$    B. $SQ_{AW}$    C. $SQ_{HW}$    D. $SQ_{DW}$

36. 较复杂机械设备电气控制线路调试前,应准备的设备主要是指( C )。

    A. 交流调速装置    B. 晶闸管开环系统

    C. 晶闸管双闭环调速直流拖动装置    D. 晶闸管单闭环调速直流拖动装置

37. 较复杂机械设备开环调试时,应用( B )检查整流变压器与同步变压器二次侧相对相序、相位必须一致。

    A. 电压表    B. 示波器    C. 万用表    D. 兆欧表

38. 较复杂机械设备反馈强度整定时,使电枢电流等于额定电流的 1.4 倍时,调节( C )使电动机停下来。

    A. $RP_1$    B. $RP_2$    C. $RP_3$    D. $RP_4$

39. CA6140 型车床是机械加工行业中最为常见的金属切削设备,其刀架快速移动控制在中拖板( A )操作手柄上。

    A. 右侧    B. 正前方    C. 左前方    D. 左侧

40. CA6140 型车床控制线路的电源是通过变压器 TC 引入到熔断器( B ),经过串联在一起的热继电器 $FR_1$ 和 $FR_2$ 的辅助触点接到端子板 6 号线。

    A. $FU_1$    B. $FU_2$    C. $FU_3$    D. $FU_4$

41. 线圈中产生感生电动势的大小正比于通过线圈的( B )。

    A. 磁通量的变化量    B. 磁通量的变化率    C. 磁通量的大小

42. 正弦交流电任意时刻的电角度称为该正弦量的( C )。

    A. 初相角    B. 相位差    C. 相位角

43. 某正弦交流电的初相 $\varphi = -\pi/6$,在 $t=0$ 时瞬时值将( D )。

    A. 大于零    B. 小于零    C. 等于零    D. 不能确定

44. R-L 串联接于交流电源上,已知电阻 R 上电压为 15 V,电感 L 上电压为 20 V,则 R-L 串联电路的总电压是( C )。

    A. 15 V    B. 20 V    C. 25 V    D. 35 V

45. 1.4 Ω 的电阻接在内阻为 0.2 Ω,电动势为 1.6 V 的电源两端,内阻上通过的电流是( A )A。

    A. 1    B. 1.4    C. 1.6    D. 1.5

46. 两只"100 W,220 V"灯泡串联接在 220 V 电源上,每只灯泡的实际功率是( D )。

    A. 220 W        B. 100 W        C. 50 W        D. 25 W

47. 正弦电流的瞬时值是负值,负号的意义是( D )。

    A. 电流是变化的                B. 电流的一种记号

    C. 电流在变小                D. 电流的方向与规定的正方向相反

48. 额定电压都为 220 V 的 40 W,60 W 和 100 W 3 只灯泡串联在 220 V 的电源中,它们的发热量由大到小排列为( B )。

    A. 100 W,60 W,40 W        B. 40 W,60 W,100 W

    C. 100 W,40 W,60 W        D. 60 W,100 W,40 W

49. 当反向电压小于击穿电压时二极管处于( B )状态。

    A. 死区        B. 截止        C. 导通        D. 击穿

50. 欲使硅稳压管工作在击穿区,必须( D )。

    A. 加正向电压,且大于死区电压    B. 加正向电压,且小于死区电压

    C. 加反向电压,且小于击穿电压    D. 加反向电压,且大于击穿电压

51. 二极管两端加上正向电压时( B )。

    A. 一定导通                B. 超过死区电压才导通

    C. 超过 0.3 V 才导通          D. 超过 0.7 V 才导通

52. 直流放大器克服零点飘移的措施是采用( D )。

    A. 分压式电流负反馈放大电路    B. 振荡电路

    C. 波电路                 D. 差动放大电路

53. 欲改善放大电路的性能,常采用的反馈类型是( D )。

    A. 电流反馈        B. 电压反馈        C. 正反馈        D. 负反馈

54. 由晶体管组成的共发射极、共基极、共集电极 3 种放大的电路中,电压放大倍数最小的是( B )。

    A. 共发射极电路        B. 共集电极电路        C. 共基极电路

55. 解决放大器截止失真的方法是( C )。

    A. 增大上偏电阻        B. 减小集电极电阻        C. 减小上偏电阻

56. 一个硅二极管反向击穿电压为 150 V,则其最高反向工作电压为( D )。

    A. 大于 150 V    B. 略小于 150 V    C. 不得超过 40 V    D. 等于 75 V

57. 在脉冲电路中,应选择( B )的三极管。

    A. 放大能力强                B. 开关速度快

    C. 集电极最大耗散功率高        D. 价格便宜

58. 阻容耦合多级放大电路的输入电阻等于（　A　）。

　　A. 第一级输入电阻　　　　　　　　　B. 各级输入电阻之和

　　C. 各级输入电阻之积　　　　　　　　D. 末级输入电阻

59. 在由二极管组成的单相桥式整流电路中,若有一只二极管断路,则（　B　）。

　　A. 与之相邻的另一只二极管将被烧坏

　　B. 电路仍能输出单相半波信号

　　C. 其他3只管子相继损坏

60. 使用万用表时要注意（　A　）。

　　A. 使用前要机械调零

　　B. 测量电阻时,转换挡位后不必进行欧姆调零

　　C. 测量完毕,转换开关置于最大电流挡

　　D. 测电流时,最好使指针处于标尺中间位置

61. 对 RN 系列室内高压熔断器,检测其支持绝缘子的绝缘电阻,应选用额定电压为（　B　）V 兆欧表进行测量。

　　A. 1 000　　　　　B. 2 500　　　　　C. 500　　　　　D. 250

62. 磁电系比率表指针的偏转角与（　C　）有关。

　　A. 通过两个动圈的电流大小　　　　　B. 手摇直流发电机发出电压的高低

　　C. 通过两动圈电流的比率　　　　　　D. 游丝的倔强系数

63. 安装式交流电流表一般采用（　B　）仪表。

　　A. 磁电系　　　　B. 电磁系　　　　C. 整流系　　　　D. 电动系

64. 示波器荧光屏上出现一个完整、稳定正弦波的前提是待测波形频率（　B　）扫描锯齿波电压频率。

　　A. 低于　　　　　B. 等于　　　　　C. 高于　　　　　D. 不等于

65. 调节普通示波器"X 轴位移"旋钮可以改变光点在（　D　）。

　　A. 垂直方向的幅度　　　　　　　　　B. 水平方向的幅度

　　C. 垂直方向的位置　　　　　　　　　D. 水平方向的位置

66. 电桥使用完毕后应将检流计锁扣锁住,防止（　B　）。

　　A. 电桥丢失　　　B. 悬丝被振坏　　C. 烧坏线圈　　　D. 烧坏检流计

67. 三相变压器并联运行时,要求并联运行的三相变压器变比（　B　）,否则不能并联运行。

　　A. 必须绝对相等　　　　　　　　　　B. 误差不超过±0.5%

　　C. 误差不超过±5%　　　　　　　　　D. 误差不超过±10%

68. 中、小型电力变压器控制盘上的仪表,指示着变压器的运行情况和电压质量,因此必须经常监察,在正常运行时应每( B )h 抄表一次。

    A. 0. 5           B. 1           C. 2           D. 4

69. 进行变压器耐压试验时,试验电压升到要求数值后,应保持( B )s,无放电或击穿现象为试验合格。

    A. 30           B. 60           C. 90           D. 120

70. 进行变压器耐压试验时,若试验中无击穿现象,要把变压器试验电压均匀降低,大约在 5 s 内降低到试验电压的( B )% 或更小,再切断电源。

    A. 15           B. 25           C. 45           D. 55

71. 当变压器带容性负载运行时,副边端电压随负载电流的增大而( A )。

    A. 升高           B. 不变           C. 降低很多           D. 降低很少

72. 一台三相变压器的连接组别为 Y, d11,其中"d"表示变压器的( D )。

    A. 高压绕组为星形接法           B. 高压绕组为三角形接法

    C. 低压绕组为星形接法           D. 低压绕组为三角形接法

73. 进行变压器耐压试验用的试验电压的频率应为( A )Hz。

    A. 50           B. 100           C. 1 000           D. 10 000

74. 下列关于高压断路器用途的说法正确的是( C )。

    A. 切断空载电流

    B. 控制分断或接通正常负荷电流

    C. 既能切换正常负荷又可切除故障,同时承担着控制和保护双重任务

    D. 接通或断开电路空载电流,严禁带负荷拉闸

75. 高压 10 kV 及以下隔离开关交流耐压试验的目的是( B )。

    A. 可以准确地测出隔离开关绝缘电阻值

    B. 可以准确地考验隔离开关的绝缘强度

    C. 使高压隔离开关操作部分更灵活

    D. 可以更有效地控制电路分合状态

76. 直流电焊机之所以不能被交流电焊扒取代,是因为直流电焊机具有( B )的优点。

    A. 制造工艺简单,使用控制方便

    B. 电弧稳定,可焊接碳钢、合金钢和有色金属

    C. 使用直流电源,操作较安全

    D. 故障率明显低于交流电焊机

77. B9-B25A 电流等级 B 系列交流接触器是我国引进德国技术的产品,它采用的灭弧装

置是(　D　)。

　　A. 电动力灭弧　　　　　　　　　　　　B. 金属栅片陶土灭弧罩

　　C. 窄缝灭弧　　　　　　　　　　　　　D. 封闭式灭弧室

78. RW3-10 型户外高压熔断器作为小容量变压器的前级保护安装在室外,要求熔丝管底端对地面距离以(　D　)m 为宜。

　　A. 3　　　　　　　B. 3.5　　　　　　　C. 4　　　　　　　D. 4.5

79. SN10-10 系列少油断路器中的油是起灭弧作用,两导电部分和灭弧室的对地绝缘是通过(　D　)来实现的。

　　A. 变压器油　　　　B. 绝缘框架　　　　C. 绝缘拉杆　　　　D. 支持绝缘子

80. 下列自动空气断路器型号中具有开关功能又有短路保护、过载保护功能的是(　B　)。

　　A. DZ10-250/300　　　　　　　　　　　B. DZ10-250/330

　　C. DZ10-250/310　　　　　　　　　　　D. DZ10-250/320

81. 控制变压器的文字控制变压器的文字符号是(　A　)。

　　A. TC　　　　　　　B. TM　　　　　　　C. TA　　　　　　　D. TR

82. 日光灯镇流器的作用是(　D　)。

　　A. 产生较高的自感电动势　　　　　　　B. 限制灯管中电流

　　C. 将电能转换成热能　　　　　　　　　D. 产生自感电动势和限制灯管中的电流

83. 直流电动机具有(　A　)特点。

　　A. 启动转矩大　　　B. 造价低　　　　　C. 维修方便　　　　D. 结构简单

84. 八极三相异步电动机的定子圆周对应的电角度为(　C　)。

　　A. 360°　　　　　　B. 1 080°　　　　　C. 1 440°　　　　　D. 2 880°

85. 三相异步电动机在制动过程中受到冲击最大的是(　A　)。

　　A. 反接制动　　　　B. 能耗制动　　　　C. 电容制动　　　　D. 发电制动

86. 起重机上提升重物的绕线式异步电动机的启动方法用(　B　)。

　　A. 定子接三相调压器法　　　　　　　　B. 转子串启动电阻法

　　C. 定子串启动电阻法　　　　　　　　　D. 转子串频敏变阻器法

87. 为了使异步电动机能采用星三角降压启动,电动机在正常运行时必须是(　B　)。

　　A. 星形接法　　　　　　　　　　　　　B. 三角接法

　　C. 星/三角接法　　　　　　　　　　　　D. 延边三角形接法

88. 为保证交流电动机正反转控制的可靠性,常采用(　C　)控制线路。

　　A. 按钮联锁　　　　　　　　　　　　　B. 接触器联锁

　　C. 按钮、接触器双重联锁　　　　　　　D. 手动

89. 绕线式异步电动机转子串电阻调速,属于( A )。

    A. 改变转差率调速                 B. 变极调速

    C. 变频调速                       D. 改变端电压调速

90. 变压器中性点直接接地属于( B )。

    A. 重复接地     B. 工作接地     C. 保护接地     D. 防雷接地

91. 中性点不接地的 380/220 V 系统的接地电阻值应不超过( B ) $\Omega$。

    A. 0. 5         B. 4         C. 10         D. 30

92. 高电压、长距离、大挡距架空输电线路,广泛采用的导线是( D )。

    A. 绝缘铝绞线     B. 铜软绞线     C. 铝绞线     D. 芯铝绞线

93. 某三相异步电动机每相支路数为1,星接,U,V 和 W 分别为三相的出线端,用万用表测得 U,V 相通,U,W 相不通由此可判断( C )。

    A. U 相断路     B. V 相断路     C. W 相断路     D. U 和 W 相均断路

94. 异步电动机不希望空载或轻载运行的主要原因是( A )。

    A. 功率因数低                 B. 定子电流太大

    C. 转速太高有危险            D. 转速不稳定

95. 在三极异步电动机定子绕组中,通入 3 个同相位交流电,在定子与转子空气隙中形成的磁场为( C )。

    A. 旋转磁场                 B. 恒定磁场

    C. 互相抵消,合成磁场为零     D. 脉振磁场

96. 停电检修变配电设备和电力线路前必须先挂接地线,其操作程序是( B )。

    A. 先线路端后接地端     B. 先接地端后线路端     C. 无论先接任意一端都行

97. 当同步电动机在额定电压下带稳定负载运行时,调节励磁电流的大小,就可以改变( B )。

    A. 输入电动机的有功功率     B. 输入电动机的无功功率

    C. 输入电动机的有功和无功功率     D. 同步电动机的转速

98. 由于电枢反应的作用,使直流电动机磁场的物理中心线(即 $p=0$ 的位置线)( B )。

    A. 沿电枢旋转方向偏移 $p$ 角     B. 逆电枢旋转方向偏移 $p$ 角

    C. 在物理中心线的两侧摆动     D. 保持原来位置不变

99. 把运行中的异步电动机三相定子绕组出线端的任意两相对调后电动机的运行状态变为( C )。

    A. 反接制动     B. 反转运行     C. 先是反接制动,随后是反转运行

100. M7120 平面磨床的电磁吸盘是一个大电感,并联 R-C 的作用在于( A )。

　　A.电路断电时吸收磁场能量　　B.回路接通时储存电场能量　　C.改善功率因数

101. 他励式直流伺服电动机的正确接线方式是( B )。

　　A.定子绕组接信号电压,转子绕组接励磁电压

　　B.定子绕组接励磁电压,转子绕组接信号电压

　　C.定子绕组和转子绕组都接信号电压

　　D.定子绕组和转子绕组都接励磁电压

102. 在滑差电动机自动调速控制线路中,测速发电机主要作为( D )元件使用。

　　A.放大　　　　　B.被控　　　　　C.执行　　　　　D.检测

103. 使用电磁调速异步电动机自动调速时,为改变控制角 $a$ 只需改变( B )即可。

　　A.主电路的输入电压　　　　　　B.触发电路的输入电压

　　C.放大电路的放大倍数　　　　　D.触发电路的输出电压

104. 三相异步电动机定子各相绕组在每个磁极下应均匀分布,以达到( B )的目的。

　　A.磁场均匀　　　B.磁场对称　　　C.增强磁场　　　D.减弱磁场

105. 一台三相异步电动机,定子槽数为 24,磁极数为 4,各相绕组电源引出线首端应目隔( B )槽。

　　A.3　　　　　　B.4　　　　　　C.5　　　　　　D.6

106. 在直流电机中,为了改善换向,需要装置换向极,其换向极绕组应与( C )。

　　A.主磁极绕组串联　　　　　　　B.主磁极绕组并联

　　C.电枢绕组串联　　　　　　　　D.电枢绕组并联

107. 直流电机的电刷因磨损而需更换时应选用( A )的电刷。

　　A.与原电刷相同　　　　　　　　B.较原电刷稍硬

　　C.较原电刷稍软　　　　　　　　D.任意软硬

108. 将直流电动机电枢的动能变成电能消耗在电阻上称为( C )。

　　A.反接制动　　　B.回馈制动　　　C.能耗制动　　　D.机械制动

109. 适用于电机容量较大且不允许频繁启动的降压启动方法是( B )。

　　A.星三角　　　　B.自耦变压器　　　C.定子串电阻　　　D.延边三角形

110. 铣床高速切削后,停车很费时间,故采用( D )制动。

　　A.电容　　　　　B.再生　　　　　C.电磁抱闸　　　D.电磁离合器

111. Z37 摇臂钻床的摇臂回转是靠( B )实现。

　　A.电机拖动　　　B.人工拉转　　　C.机械传动　　　D.自动控制

112. 异步电动机采用启动补偿器启动时,其三相定子绕组的接法( D )。

    A. 只能采用三角形接法　　　　　　　　B. 只能采用星形接法

    C. 只能采用星形/三角接法　　　　　　D. 三角形接法及星形接法都可以

113. X62W 万能铣床的进给操作手柄的功能是( C )。

    A. 只操纵电器　　　　　　　　　　　　B. 只操纵机械

    C. 操纵机械和电器　　　　　　　　　　D. 操纵冲动开关

114. 氩弧焊是利用惰性气体( C )的一种电弧焊接方法。

    A. 氧　　　　　　B. 氢　　　　　　C. 氩　　　　　　D. 氖

115. 常见焊接缺陷按其在焊缝中的位置不同,可分为( A )种。

    A. 2　　　　　　　B. 3　　　　　　　C. 4　　　　　　　D. 5

116. 部件的装配略图可作为拆卸零件后( B )的依据。

    A. 画零件图　　　　　　　　　　　　　B. 重新装配成部件

    C. 画总装图　　　　　　　　　　　　　D. 安装零件

117. 检修电气设备电气故障的同时,还应检查( A )。

    A. 是否存在机械、液压部分故障　　　B. 指示电路是否存在故障

    C. 照明电路是否存在故障　　　　　　D. 机械联锁装置和开关装置是否存在故障

118. 零件测绘时,对于零件上的工艺结构,如倒角圆等,( B )。

    A. 可以省略　　　B. 不可省略　　　C. 不标注　　　　D. 不应画在图上

119. 毛坯工件通过找正后画线,可使加工表面与不加工表面之间保持( A )均匀。

    A. 尺寸　　　　　　B. 形状　　　　　　C. 尺寸和形状　　　D. 误差

120. 卧式小型异步电动机应选用轴承的类型名称是( A )。

    A. 深沟球轴承　　　　　　　　　　　　B. 推力滚子轴承

    C. 四点接触球　　　　　　　　　　　　D. 滚针轴承

### 三、填空题

1. 4 个 20 Ω 的电阻串联,等效电阻是 __80 Ω__ ,4 个 20 Ω 的电阻并联,等效电阻是 __5 Ω__ 。

2. 正弦交流电压 $u=\sin(628t-60°)$ V,则它的频率为 __100 Hz__ ,初相为 __-600__ 。

3. 已知某正弦交流电的最大值为 10 A,频率为 100 Hz,初相-90°,则此交流电的有效值为 __7.07 A__ ,瞬时值表达式为 __$i=10\sin(628t-900)$ A__ 。

4. 根据戴维南定理,任何一个含源二端网络都可以用一个适当的 __理想电压源__ 和 __一个电阻__ 的串联来代替。

5. 根据诺顿定理,任何一个含源二端网络都可以用一个适当的 __理想电压源__ 和 __一个电阻__ 的并联来代替。

6.晶体二极管的主要参数是 __最大整流电流__ 和 __最高反向电压__ 。

7.在共发射极放大电路中,若静态工作点设置过低,易产生 __截止__ 失真,若静态工作点设置过高,易产生 __饱和__ 失真。

8.三极管当作放大元件使用时,要求其工作在 __放大__ 状态;而当作开关元件使用时,则要求其工作在 __截止、饱和__ 状态。

9.在电源与负载都作星形连接的对称三相电路中,流过中线的电流等于 __零__ ,此时中线 __可以取消__ 。

10.从工作原理看,中、小型电力变压器的主要组成部分是 __铁芯__ 和 __绕组__ 。

11.一台变压器型号为 S7-200/10,其中 200 代表 __额定容量 200 kV·A__ ,10 代表 __高压额定电压 10 kV__ 。

12.一台三相变压器的连接组别为 Y,yn0,其中"yn"表示低压绕组 __作星形连接__ 并且 __有中性线引出__ 。

13.电容分相电动机中有两个绕组,一个是 __工作__ 绕组;另一个是 __启动__ 绕组。

14.组合开关在机床控制电路中的主要作用是 __隔离电源__ ;而按钮开关的主要作用是 __发送指令__ 。

15.在电动机控制电路中,通常是利用 __熔断器__ 作短路保护,利用 __热继电器__ 作过载保护。

16.八极三相异步电动机的定子圆周对应的电角度为 __1 440°__ ,在工频电源下同步转速为 __750__ r/min。

17.在 X62W 万能铣床电气线路中采用了两地控制方式,其控制按钮连接的规律是:停止按钮 __串联__ ,启动按钮 __并联__ 。

18.某电压互感器型号为 JDG-0.5,其中 G 代表 __干式__ ,0.5 代表 __额定电压 0.5 kV__ 。

19.使直流电动机反转的方法有两种:一种是改变 __主磁场方向__ ;另一种是改变 __电枢电流方向__ 。

20.直流电机中,主极的作用是 __产生主磁场__ ,换向极的作用是 __改善换向__ 。

21.电气技术中文字符号由 __基本文字符号__ 和 __辅助文字符号__ 组成。

22.接于线电压 380 V 的三相三线制供电线路上的星形对称负载,当 U 相负载断路时,V 相电压 $U_{vn}$ 为 __190__ V;W 相电压 $U_{wn}$ 为 __190__ V。

23.电力变压器运行中的不变损耗是 __铁__ 耗,可变损耗是 __铜__ 耗。

24.电流互感器副边开路的危害是 __副边产生危险高压__ 和 __铁芯过热__ 。

25.三相负载接于三相供电线路上的原则是:若负载的额定电压等于电源线电压时,负载应作 __△__ 连接;若负载的额定电压等于电源相电压时,负载应作 __Y__ 连接。

26.用钳形电流表测正常运行的三相电动机的线电流,当钳住一根相线时电流为 10 A,则当钳住两根相线时电流应为__10__A;钳住三根相线时电流又应为__0__A。

27. 三相对称电动势的矢量和等于__零__,三相对称电动势在任一瞬时的代数和等于__零__。

28. 一根铜导线被均匀地拉伸为原长度的两倍时,电阻为原来的__4__倍,而电阻率__不变__。

29. 测速发电机是一种测量转速信号的元件,它把__转速__信号转变成相应的__电__信号。

30. 为了在电焊变压器中获得急剧下降的特性,常用的办法有__外接电抗器__和__增加变压器本身漏抗__。

31. 电压继电器的线圈与负载__并__联;而电流继电器的线圈__串__接于被测量的电路里。

32. 具有自锁的接触器正转控制电路同时具有__失压__和__欠压__保护功能。

**四、简答题**

1. 变压器高、低压熔丝的使用目的是什么?如何选择?

答:(1)变压器高压熔丝是作为变压器内部故障保护用的。

(2)变压器低压熔丝是作为低压过负荷和短路保护用的。

(3)容量在 100 kV·A 以下的变压器,高压熔丝可按高压额定电流的 2～3 倍选用,一般不小于 10 A。

(4)容量在 100 kV·A 以上的变压器,高压熔丝可按高压额定电流的 1.5～2 倍选用。

(5)低压熔丝应按低压额定电流选用。

2. 在电动机控制电路中,能否用热继电器作短保护?为什么?

答:(1)不能。

(2)因热继电器的双金属片有热惯性。

(3)当短路电流通过时需经一定的时间才能变形,不能立即动作切断故障电路。

3. 单相异步电动机适用于什么场合?与三相异步电动机相比它有什么缺点?

答:(1)单相异步电动机适用于:①只有单相电源;②使用容量较小的电动机。

(2)与三相异步电动机相比,其缺点是:①同容量的体积较大;②效率和功率因数较低;③过载能力较差。

4. 什么叫并联谐振?电路发生并联谐振时有何特征?

答:(1)在电感与电容并联的交流电路中,出现电路端电压与电流同相,整个电路呈电阻性的特殊状态,称此为并联谐振。

(2)并联谐振的特征是:电路阻抗最大,电流一定时电压最大。

(3)电容中的电流为电源电流的 $Q$ 倍。

(4)当品质因数 $Q$ 值较大时,电感中的电流也近似为电源电流的 $Q$ 倍。

5. 为什么三相电动机的电源线可以用三相三线制,而三相照明电源必须用三相四线制?

答:(1)三相电动机为对称三相负载,因而不必使用中线,可用三相三线制。

(2)三相照明负载不可能一直保持对称,如果不用中线,负载端电压将不稳定。

(3)有的相电压可能高于额定电压,将烧坏照明灯具;有的相电压可能低于额定电压,灯泡将不能正常工作。

由上述分析可知,照明电源必须用三相四线制。

6. 兆欧表为什么没有指针调零位螺丝?

答:(1)兆欧表的测量机构为流比计型。

(2)没有产生反作用力矩的游丝,在摇测之前指针可以停留在标尺的任意位置上。

由上述分析可知,没有指针调零位螺丝。

7. 电压互感器二次回路为什么必须接地?

答:(1)因为电压互感器运行中一次线圈处于高电压,而二次线圈为低电压。

(2)如果电压互感器一、二次侧之间的绝缘被击穿,一次侧的高电压将直接加到二次线圈上。

(3)这将损坏二次设备并且直接威胁到工作人员的安全。

由上述分析可知,必须将二次线圈的一端可靠接地,以保证人身和设备安全。

## 五、计算题

1. 有一电感为 0.08 亨的线圈,它的电阻很小,可以忽略不计,试求通过 50 Hz 和 100 kHz 的交流电流时的感抗。

解:当 $f=50$ Hz 时,

$$X_L = 2\pi fL = 2\pi \times 50 \times 0.08 = 25.12(\Omega)$$

当 $f=100$ kHz 时,

$$X_L = 2\pi fL = 2\pi \times 100\ 000 \times 0.08 = 50\ 240(\Omega) \approx 50(k\Omega)$$

答:通过 50 Hz 和 100 kHz 交流电流时的感抗分别为 25.12 Ω 和 50 kΩ。

2. 一台输入功率为 5.5 kW 的三相异步电动机,接成三角形,线电压为 380 V,功率因数为 0.8,求线电流和相电流。

解:由:$P_1 = \sqrt{3}\,U_{线}\,I_{线}\cos\varphi$

$$I_N = \frac{P_1}{\sqrt{3}\,U_N\cos\varphi} = 10.45(A)$$

在三角形连接中

$$I_{\text{线}} = \sqrt{3} I_{\text{相}}$$

$$I_{\text{相}} = \frac{I_{\text{线}}}{\sqrt{3}} = \frac{10.45}{\sqrt{3}} = 6.03(\text{A})$$

答:线电流是 10.45 A,相电流是 6.03 A。

3. 某三相笼型异步电动机,已知其额定线电压 $U_N = 380$ V,额定功率 $P_N = 7$ kW,额定功率因数及效率分别为 $\cos \varphi_N = 0.82$ 和 $\eta_N = 83\%$,求电动机的额定线电流?

解:由:$P_1 = \sqrt{3} U_{\text{线}} I_{\text{线}} \cos \varphi$ 及 $\eta = \frac{p_1}{p_N}$ 可得

$$I_N = \frac{P_1}{\sqrt{3} U_N \cos \varphi \eta} = \frac{7 \times 10^3}{\sqrt{3} \times 380 \times 0.82 \times 83\%} = 15.6(\text{A})$$

答:电动机的额定线电流为 15.6 A。

4. 若把 0.5 μF,耐压 300 V 和 0.25 μF,耐压 250 V 的两支电容器并联起来使用,问可以在多大电压下工作? 总容量是多少?

解:并联后电容为:$C = C_1 + C_2 = 0.25 + 0.5 = 0.75(\text{μF})$

耐压应取两电容下限值:$U < U_2$

答:并联后可在电压为 250 V 以下电路中工作,总容量为 0.75 μF。

5. 现有一量程为 10 V 的电压表,其内部电阻为 10 kΩ,要把它量程扩大到 250 V,应串联多大的电阻?

解:电压表内阻:$R_1 = 10$ kΩ,$U_1 = 10(\text{V})$

串联电阻分压:$U_2 = U - U_1 = 250 - 10 = 240(\text{V})$

$$\frac{R_2}{R_1} = \frac{U_2}{U_1}$$

串联电阻:$R_2 = \frac{U_2}{U_1} R_1 = \frac{240}{10} \times 10 = 240(\text{kΩ})$

答:应串联 240 kΩ 的电阻。

6. 如图所示,$R_1 = 4$ Ω,$R_2 = 2$ Ω,$R_3 = 3$ Ω,$R_4 = 6$ Ω,试求等效电阻 $R$。

解:首先可以看出 $R_3$ 与 $R_4$ 并联,用 $R_{34}$ 等效。

$$R_{34} = \frac{R_3 R_4}{R_3 + R_4} = \frac{3 \times 6}{3 + 6} = 2(\text{Ω})$$

然后把 $R_2$ 与 $R_{34}$ 并联:用 $R_{234}$ 等效。

$$R_{234} = R_2 + R_{34} = 2 + 2 = 4(\text{Ω})$$

最后把 $R_1$ 与 $R_{234}$ 并联,用 $R$ 等效。

$$R = \frac{R_1 R_{234}}{R_1 + R_{234}} = \frac{4 \times 4}{4 + 4} = 2(\Omega)$$

答:电路 1,2 两端等效电阻 $R$ 为 $2\Omega$。

7. Y-160M1-2 三相异步电动机额定功率 $P_N = 11$ kW,额定转速 $n_N = 2\ 930$ r/min, $\lambda = 2.2$, 求额定转矩和最大转矩?

解:额定转矩为

$$T_N = 9\ 550\ \frac{P_N}{n_N} = 9\ 550 \times \frac{11}{2\ 930} = 38.85(N \cdot M)$$

由 $\lambda_m = \frac{T_m}{T_N}$

$$T_m = \lambda_m T_N = 2.2 \times 38.85 = 78.88(N \cdot M)$$

答:额定转矩 $38.85N \cdot M$,最大转矩 $78.88N \cdot M$。

8. 已知三相异步电动机铭牌数据: $P_N = 3$ kW, $U = 380$ V, $I_N = 7.36$ A, $\cos \varphi_N = 0.8$,求输入有功功率 $P$、效率 $\eta$、无功功率 $Q$、视在功率 $S$。

解:(1) $S = \sqrt{3}\ UI = \sqrt{3} \times 380 \times 7.36 = 4\ 840$ V $\cdot$ A $= 4.84(kV \cdot A)$

(2) $P = S \cos \varphi = 4.84 \times 0.8 = 3.88(kW)$

(3) $Q = \sqrt{S^2 - P^2} = \sqrt{4.84^2 - 3.88^2} = 2.9(kVar)$

(4) $\eta = \frac{P_{出}}{P_{入}} \times 100\% = \frac{3}{3.88} \times 100\% = 78\%$

答:输入有功功率为 $3.88$ kW,效率 $\eta$ 为 $78\%$,无功功率 $Q$ 为 $2.9$ kVar,视在功率为 $4.84$ kV $\cdot$ A。

## 附录4　职业技能鉴定(中级)维修电工理论知识模拟试卷

### (第一套模拟卷)

**一、单项选择题**(第 1 题 ~ 第 120 题。选择一个正确的答案,将相应的字母填入题内的括号中。每题 0.5 分,满分 60 分)

1. 纯电感或纯电容电路无功功率等于(　B　)。

　　A. 单位时间内所储存的电能　　　　B. 电路瞬时功率的最大值

　　C. 电流单位时间内所做的功　　　　D. 单位时间内与电源交换的有功电能

2. 交磁电机扩大机的控制绕组一般有（ B ）个绕组,以便于实现自动控制系统中的各种反馈。

    A. 1                 B. 2 ~ 4              C. 3 ~ 6              D. 4 ~ 7

3. 在星形连接的三相对称电路中,相电流与线电流的相位关系是（ C ）。

    A. 相电流超前线电流 30°             B. 相电流滞后线电流 30°

    C. 相电流与线电流同相               D. 相电流滞后线电流 60°

4. 在感性负载的两端并联适当的电容器,是为了（ D ）。

    A. 减小电流      B. 减小电压        C. 增大电压        D. 提高功率因数

5. 严重歪曲测量结果的误差叫（ D ）。

    A. 绝对误差      B. 系统误差        C. 偶然误差        D. 疏失误差

6. 焊缝表面缺陷的检查,可用表面探伤的方法来进行,常用的表面探伤方法有（ A ）种。

    A. 2               B. 3              C. 4              D. 5

7. 带电抗器的交流电焊变压器其原副绕组应（ B ）。

    A. 同心的套在一个铁芯柱上          B. 分别套在两个铁芯柱上

    C. 使副绕组套在原绕组外边          D. 使原绕组套在副绕组外边

8. 某台电动机的额定功率是 1.2 W,输入功率是 1.5 kW,功率因数是 0.5,电动机的效率为（ B ）。

    A. 0.5           B. 0.8            C. 0.7            D. 0.9

9. 电气设备的所有整定数值大小应（ A ）电路的实用要求。

    A. 符合          B. 大于           C. 小于           D. 不等于

10. 晶体管时间继电器比气囊式时间继电器在寿命长短、调节方便、耐冲击三项性能相比（ C ）。

    A. 差          B. 良           C. 优           D. 因使用场合不同而异

11. 使用检流计时发现灵敏度低,可（ B ）以提高灵敏度。

    A. 适当提高张丝张力             B. 适当放松张丝张力

    C. 减小阻尼力矩                D. 增大阻尼力矩

12. 有一台电力变压器,型号为 S7-500/10,其中的数字"10"表示变压器的（ C ）。

    A. 额定容量是 10 kV·A            B. 额定容量是 10 kW

    C. 高压侧的额定电压是 10 kV      D. 低压侧的额定电压是 10 kV

13. 在三相交流异步电动机定子上布置结构完全相同,在空间位置上互差（ C ）电角度的三相绕组,分别通入三相对称交流电,则在定子与转子的空气隙间将会产生旋转磁场。

    A. 60°         B. 90°          C. 120°         D. 180°

14. 整流式直流电焊机中主变压器的作用是将（ B ）引弧电压。

 A. 交流电源电压升至  B. 交流电源电压降至

 C. 直流电源电压升至  D. 直流电源电压降至

15. 高压 10 kV 断路器经大修后作交流耐压试验,应通过工频试验变压器加（ B ）kV 的试验电压。

 A. 15  B. 38  C. 42  D. 20

16. 低频信号发生器是用来产生（ D ）信号的信号源。

 A. 标准方波  B. 标准直流  C. 标准高频正弦  D. 标准低频正弦

17. 单结晶体管触发电路输出触发脉冲中的幅值取决于（ D ）。

 A. 发射极电压 $U_e$  B. 电容 $C$  C. 电阻 $r_b$  D. 分压比 $\eta$

18. 采用降低供用电设备的无功功率,可提高（ D ）。

 A. 电压  B. 电阻  C. 总功率  D. 功率因数

19. 直流电弧熄灭的条件是（ C ）。

 A. 必须使气隙内消游离速度等于游离速度

 B. 必须使气隙内消游离速度小于游离速度

 C. 必须使气隙内消游离速度超过游离速度

 D. 没有固定规律

20. 若要调小磁分路动铁式电焊变压器的焊接电流,可将动铁芯（ B ）。

 A. 调出  B. 调入  C. 向左心柱调节  D. 向右心柱调节

21. 起吊设备时,只允许（ A ）指挥,同时指挥信号必须明确。

 A. 1 人  B. 2 人  C. 3 人  D. 4 人

22. 用单臂直流电桥测量电感线圈的直流电阻时,应（ A ）。

 A. 先按下电源按钮,再按下检流计按钮

 B. 先按下检流计按钮,再按下电源按钮

 C. 同时按下电源按钮和检流计按钮

 D. 无需考虑先后顺序

23. 低氢型焊条一般在常温下超过（ C ）h,应重新烘干。

 A. 2  B. 3  C. 4  D. 5

24. 电工常用的电焊条是（ D ）焊条。

 A. 低合金钢焊条  B. 不锈钢焊条  C. 堆焊焊条  D. 结构钢焊条

25. 单结晶体管振荡电路是利用单结晶体管（ B ）的工作特性设计的。

 A. 截止区  B. 负阻区  C. 饱和区  D. 任意区域

26. 串励直流电动机的能耗制动方法有( A )种。

    A. 2              B. 3              C. 4              D. 5

27. 低频信号发生器的低频振荡信号由( D )振荡器产生。

    A. LC          B. 电感三点式       C. 电容三点式       D. RC

28. 应用戴维南定理求含源二端网络的输入等效电阻是将网络内各电动势( D )。

    A. 串联           B. 并联           C. 开路           D. 短接

29. 应用戴维南定理分析含源二端网络的目的是( D )。

    A. 求电压                        B. 求电流

    C. 求电动势                 D. 用等效电源代替二端网络

30. 一含源二端网络测得其短路电流是 4 A,若把它等效为一个电源,电源的内阻为 2.5 $\Omega$,电动势为( A )。

    A. 10 V        B. 5 V         C. 1 V        D. 2 V

31. 直流放大器克服零点飘移的措施是采用( D )。

    A. 分压式电流负反馈放大电路      B. 振荡电路

    C. 滤波电路                  D. 差动放大电路

32. 根据国标规定,低氢型焊条一般在常温下超过 4 h,应重新烘干,烘干次数不超过( B )次。

    A. 2               B. 3               C. 4               D. 5

33. 若将半波可控整流电路中的晶闸管反接,则该电路将( D )。

    A. 短路                     B. 和原电路一样正常工作

    C. 开路                     D. 仍然整流,但输出电压极性相反

34. 由一个三极管组成的基本门电路是( B )。

    A. 与门        B. 非门         C. 或门         D. 异或门

35. 对额定电流 200 A 的 10 kV GN1-10/200 型户内隔离开关,在进行交流耐压试验时在升压过程中支柱绝缘子有闪烁出现,造成跳闸击穿,其击穿原因是( B )。

    A. 绝缘拉杆受潮             B. 支持绝缘子破损

    C. 动静触头脏污             D. 周围环境湿度增加

36. 手工电弧焊通常根据( C )决定焊接电源种类。

    A. 焊接厚度      B. 焊件的成分      C. 焊条类型      D. 焊接的结构

37. 磁吹式灭弧装置的磁吹灭弧能力与电弧电流的大小关系是( C )。

    A. 电弧电流越大磁吹灭弧能力越小   B. 无关

    C. 电弧电流越大磁吹灭弧能力越强   D. 没有固定规律

38. 整流式直流电焊机通过( C )获得电弧焊所需的外特性。

    A. 整流装置　　　　B. 逆变装置　　　　C. 调节装置　　　　D. 稳压装置

39. 中、小型电力变压器的绕组按高、低压绕组相互位置和形状的不同,可分为( D )
两种。

    A. 手绕式和机绕式　　　　　　　　B. 绝缘导线式和裸导线式

    C. 心式和壳式　　　　　　　　　　D. 同心式和交叠式

40. 起重机设备上的移动电动机和提升电动机均采用( D )制动。

    A. 反接　　　　　B. 能耗　　　　　C. 电磁离合器　　　D. 电磁抱闸

41. 从工作原理来看,中、小型电力变压器的主要组成部分是( C )。

    A. 油箱和油枕　　　　　　　　　　B. 油箱和散热器

    C. 铁芯和绕组　　　　　　　　　　D. 外壳和保护装置

42. 带有电流截止负反馈环节的调速系统,为使电流截止负反馈参与调节后机械特性曲
线下垂段更陡一些,应把反馈取样电阻阻值选得( A )。

    A. 大一些　　　　B. 小一些　　　　C. 接近无穷大　　　D. 接近零

43. 高压负荷开关交流耐压试验在标准试验电压下持续时间为( C )min。

    A. 5　　　　　　　B. 2　　　　　　　C. 1　　　　　　　D. 3

44. 变压器过载运行时的效率( C )额定负载时的效率。

    A. 大于　　　　　B. 等于　　　　　C. 小于　　　　　D. 大于等于

45. 交流电动机作耐压试验时,试验时间应为( B )。

    A. 30 s　　　　　B. 60 s　　　　　C. 3 min　　　　　D. 10 min

46. 三相异步电动机定子各相绕组的电源引出线应彼此相隔( C )电角度。

    A. 60°　　　　　B. 90°　　　　　C. 120°　　　　　D. 180°

47. 一台三相变压器的连接组别为 Y,yn0,其中"yn"表示变压器的( A )。

    A. 低压绕组为有中性线引出的星形连接

    B. 低压绕组为星形连接,中性点需接地,但不引出中性线

    C. 高压绕组为有中性线引出的星形连接

    D. 高压绕组为星形连接,中性点需接地,但不引出中性线

48. 按功率转换关系,同步电机可分( C )类。

    A. 1　　　　　　　B. 2　　　　　　　C. 3　　　　　　　D. 4

49. 多级放大电路总放大倍数是各级放大倍数的( C )。

    A. 和　　　　　　B. 差　　　　　　C. 积　　　　　　D. 商

50. RW3-10 型户外高压熔断器作为小容量变压器的短路保护,其绝缘瓷支柱应选用额定

电压为( C )V 的兆欧表进行绝缘电阻摇测。

    A. 500        B. 1 000        C. 2 500        D. 250

51. 直流电动机电枢回路串电阻调速,当电枢回路电阻增大,其转速( B )。

    A. 升高        B. 降低        C. 不变        D. 不一定

52. 晶体管接近开关用量最多的是( D )。

    A. 电磁感应型    B. 电容型        C. 光电型        D. 高频振荡型

53. 低压电磁铁的线圈的直流电阻用电桥进行测量,根据检修规程,线圈直流电阻与铭牌数据之差不大于( A )%。

    A. 10        B. 5        C. 15        D. 20

54. 单相全波可控整流电路,若控制角 $\alpha$ 变大,则输出平均电压( B )。

    A. 不变        B. 变小        C. 变大        D. 为零

55. 对于 M7120 型磨床的液压泵电动机和砂轮升降电动机的正反转控制采用( B )来实现。

    A. 点动        B. 点动互锁        C. 自锁        D. 互锁

56. 同步电动机停车时,如需进行电力制动,最方便的方法是( C )。

    A. 机械制动    B. 反接制动        C. 能耗制动        D. 电磁抱闸

57. 同步电动机启动时要将同步电动机的定子绕组通入( B )。

    A. 交流电压    B. 三相交流电流    C. 直流电流        D. 脉动电流

58. KP10-20 表示普通反向阻断型晶闸管的正反向重复峰值电压是( D )。

    A. 10 V        B. 1 000 V        C. 20 V        D. 2 000 V

59. 三相异步电动机的正反转控制关键是改变( B )。

    A. 电源电压    B. 电源相序        C. 电源电流        D. 负载大小

60. 晶闸管外部的电极数目为( C )。

    A. 1 个        B. 2 个        C. 3 个        D. 4 个

61. 正弦波振荡器的振荡频率 $f$ 取决于( D )。

    A. 正反馈强度                B. 放大器放大倍数

    C. 反馈元件参数               D. 选频网络参数

62. 不会造成交流电动机绝缘被击穿的原因是( A )。

    A. 电机轴承内缺乏润滑油          B. 电机绝缘受潮

    C. 电机长期过载运行              D. 电机长期过压运行

63. C5225 车床的工作台电动机制动原理为( B )。

    A. 反接制动    B. 能耗制动        C. 电磁离合器    D. 电磁抱闸

64. 关于同步电压为锯齿波的晶体管触发电路叙述正确的是（　C　）。

　　A. 产生的触发功率最大　　　　　B. 适用于大容量晶闸管

　　C. 锯齿波线性度最好　　　　　　D. 适用于较小容量晶闸管

65. 采用YY/△接法的三相变极双速异步电动机变极调速时,调速前后电动机的（　D　）基本不变。

　　A. 输出转矩　　　　B. 输出转速　　　　C. 输出功率　　　　D. 磁极对数

66. 直流发电机——直流电动机自动调速系统采用改变励磁磁通调速时,其实际转速应（　B　）额定转速。

　　A. 等于　　　　　　B. 大于　　　　　　C. 小于　　　　　　D. 不大于

67. 直流伺服电动机实质上就是一台（　A　）直流电动机。

　　A. 他励式　　　　　B. 串励式　　　　　C. 并励式　　　　　D. 复励式

68. 直流电机中的电刷是为了引导电流,在实际应用中一般都采用（　D　）。

　　A. 铜质电刷　　　　B. 银质电刷　　　　C. 金属石墨电刷　　　　D. 电化石墨电刷

69. 同步发电机他励式半导体励磁系统中的主励磁机是一个（　B　）。

　　A. 工频(50 Hz)的三相交流发电机

　　B. 中频(100 Hz)的三相交流发电机

　　C. 直流发电机

　　D. 直流电动机

70. 如图所示输入输出波形所表达的逻辑公式是（　C　）。

　　A. P＝AB　　　　B. P＝A＋B　　　　C. P＝$\overline{A \cdot B}$　　　　D. P＝$\overline{A+B}$

71. 复励发电机的两个励磁绕组产生的磁通方向相反时,称为（　D　）电机。

　　A. 平复励　　　　　B. 过复励　　　　　C. 积复励　　　　　D. 差复励

72. 直流电动机的电气调速方法有（　B　）种。

　　A. 2　　　　　　　B. 3　　　　　　　C. 4　　　　　　　D. 5

73. 放大电路的静态工作点,是指输入信号（　A　）三极管的工作点。

　　A. 为零时　　　　　B. 为正时　　　　　C. 为负时　　　　　D. 很小时

74. 直流发电机——直流电动机自动调速系统中,正反转控制的过程可看成是（　B　）阶段。

A. 1        B. 2        C. 3        D. 4

75. 三相异步电动机采用能耗制动,切断电源后,应将电动机( D )。

    A. 转子回路串电阻              B. 定子绕组两相绕组反接

    C. 转子绕组进行反接            D. 定子绕组送入直流电

76. 改变直流电动机旋转方向,对并励电动机常采用( B )。

    A. 励磁绕组反接法              B. 电枢绕组反接法

    C. 励磁绕组和电枢绕组都反接      D. 断开励磁绕组,电枢绕组反接

77. 三相绕线转子异步电动机的调速控制采用( D )的方法。

    A. 改变电源频率                B. 改变定子绕组磁极对数

    C. 转子回路串联频敏变阻器       D. 转子回路串联可调电阻

78. 放大电路设置静态工作点的目的是( B )。

    A. 提高放大能力                B. 避免非线性失真

    C. 获得合适的输入电阻和输出电阻    D. 使放大器工作稳定

79. 直流电机中的换向器是由( B )而成。

    A. 相互绝缘特殊形状的梯形硅钢片组装    B. 相互绝缘的特殊形状的梯形铜片组装

    C. 特殊形状的梯形铸铁加工          D. 特殊形状的梯形整块钢板加工

80. 三相异步电动机按转速高低划分,有( B )种。

    A. 2        B. 3        C. 4        D. 5

81. 要使三相异步电动机反转,只要( C )就能完成。

    A. 降低电压                  B. 降低电流

    C. 将任两根电源线对调          D. 降低线路功率

82. C6140 型车床主轴电动机与冷却泵电动机的电气控制的顺序是( A )。

    A. 主轴电动机启动后,冷却泵电动机方可选择启动

    B. 主轴与冷却泵电动机可同时启动

    C. 冷却泵电动机启动后,主轴电动机方可启动

    D. 冷却泵由组合开关控制,与主轴电动机无电气关系

83. 一台三相异步电动机,定子槽数为24,磁极数为4,各相绕组电源引出线首端应相隔( B )槽。

    A. 3        B. 4        C. 5        D. 6

84. 交磁电机扩大机直轴电枢反应磁通的方向为( B )。

    A. 与控制磁通方向相同         B. 与控制磁通方向相反

    C. 垂直于控制磁通              D. 与控制磁通方向成45°角

85. 对功率放大电路最基本的要求是（ C ）。

    A. 输出信号电压大                  B. 输出信号电流大

    C. 输出信号电压和电流均大        D. 输出信号电压大、电流小

86. 交磁扩大机在工作时,一般将其补偿程度调节在（ A ）。

    A. 欠补偿        B. 全补偿        C. 过补偿          D. 无补偿

87. 伺服电动机按其使用电源的性质,可分为（ A ）两大类。

    A. 交流和直流      B. 同步和异步        C. 有槽和无槽        D. 他励和永磁

88. 三相交流电动机耐压试验中不包括（ D ）之间的耐压。

    A. 定子绕组相与相             B. 每相与机壳

    C. 线绕式转子绕组相与地        D. 机壳与地

89. 在三相交流异步电动机定子绕组中通入三相对称交流电,则在定子与转子的空气隙间产生的磁场是（ D ）。

    A. 恒定磁场        B. 脉动磁场        C. 合成磁场为零       D. 旋转磁场

90. 滑差电动机自动调速线路中,比较放大环节的作用是将（ C ）比较后,输入给晶体三极管进行放大。

    A. 电源电压与反馈电压        B. 励磁电压与给定电压

    C. 给定电压与反馈电压        D. 励磁电压与反馈电压

91. 在三相交流异步电动机的定子上布置有（ B ）的三相绕组。

    A. 结构相同,空间位置互差90°电角度

    B. 结构相同,空间位置互差120°电角度

    C. 结构不同,空间位置互差180°电角度

    D. 结构不同,空间位置互差120°电角度

92. 欲使放大器净输入信号削弱,应采取的反馈类型是（ D ）。

    A. 串联反馈        B. 并联反馈        C. 正反馈          D. 负反馈

93. 放大电路采用负反馈后,下列说法不正确的是（ A ）。

    A. 放大能力提高了            B. 放大能力降低了

    C. 通频带展宽了             D. 非线性失真减小了

94. 异步电动机不希望空载或轻载的主要原因是（ A ）。

    A. 功率因数低            B. 定子电流较大

    C. 转速太高有危险         D. 转子电流较大

95. M7475B 磨床在磨削加工时,流过电磁吸盘线圈 YH 的电流是（ C ）。

    A. 直流        B. 交流        C. 单向脉动电流     D. 锯齿形电流

96. 阻容耦合多级放大器中,( D )的说法是错误的。

　　A. 放大直流信号　　　　　　　　B. 放大缓慢变化的信号

　　C. 便于集成化　　　　　　　　　D. 各级静态工作点互不影响

97. 三相鼠笼式异步电动机直接启动电流过大,一般可达额定电流的( C )倍。

　　A. 2～3　　　　　B. 3～4　　　　　C. 4～7　　　　　D. 10

98. 对于要求制动准确、平稳的场合,应采用( B )制动。

　　A. 反接　　　　　B. 能耗　　　　　C. 电容　　　　　D. 再生发电

99. 直流电动机采用电枢回路串电阻启动,把启动电流限制在额定电流的( D )倍。

　　A. 4～5　　　　　B. 3～4　　　　　C. 1～2　　　　　D. 2～2.5

100. 如图所示电路中 $V_1$ 为多发射极三极管,该电路的输入输出的逻辑关系是( B )。

　　A. $P = A + B + C$　　　B. $P = \overline{A \cdot B \cdot C}$　　　C. $P = A \cdot B \cdot C$　　　D. $P = \overline{A + B + C}$

101. 阻容耦合多级放大电路的输入电阻等于( A )。

　　A. 第一级输入电阻　　　　　　　B. 各级输入电阻之和

　　C. 各级输入电阻之积　　　　　　D. 末级输入电阻

102. 交流测速发电机的输出电压与( D )成正比。

　　A. 励磁电压频率　　　　　　　　B. 励磁电压幅值

　　C. 输出绕组负载　　　　　　　　D. 转速

103. 乙类推挽功率放大器,易产生的失真是( C )。

　　A. 饱和失真　　　B. 截止失真　　　C. 交越失真　　　D. 无法确定

104. 绘制三相单速异步电动机定子绕组接线图时,要先将定子槽数按极数均分,每一等份代表( C )电角度。

　　A. 90°　　　　　B. 120°　　　　　C. 180°　　　　　D. 360°

105. 在直流积复励发电机中,并励绕组起( B )作用。

　　A. 产生主磁场

　　B. 使发电机建立电压

　　C. 补偿负载时电枢回路的电阻压降

　　D. 电枢反应的去磁

106. 推挽功率放大电路比单管甲类功率放大电路（ C ）。

    A. 输出电压高　　　B. 输出电流大　　　C. 效率高　　　　　D. 效率低

107. 三相异步电动机采用 Y-△ 降压启动时，启动转矩是△接法全压启动时的（ D ）倍。

    A. $\sqrt{3}$　　　　　　B. $1/\sqrt{3}$　　　　　C. $\sqrt{3}/2$　　　　D. $1/3$

108. 同步电动机采用能耗制动时，要将运行中的同步电动机定子绕组电源（ B ）。

    A. 短路　　　　　　B. 断开　　　　　　C. 串联　　　　　　D. 关联

109. 星三角形降压启动时，每相定子绕组承受的电压是三角形接法全压启动时的
（ C ）倍。

    A. 2　　　　　　　B. 3　　　　　　　C. $1/\sqrt{3}$　　　　D. $1/3$

110. 改变三相异步电动机的旋转磁场方向就可以使电动机（ C ）。

    A. 停速　　　　　　B. 减速　　　　　　C. 反转　　　　　　D. 降压启动

111. 改变三相异步电动机的电源相序是为了使电动机（ A ）。

    A. 改变旋转方向　　B. 改变转速　　　　C. 改变功率　　　　D. 降压启动

112. 要使三相异步电动机的旋转磁场方向改变，只需要改变（ B ）。

    A. 电源电压　　　　B. 电源相序　　　　C. 电源电流　　　　D. 负载大小

113. T610 镗床工作台回转有（ B ）种方式。

    A. 1　　　　　　　B. 2　　　　　　　C. 3　　　　　　　D. 4

114. 下列特种电机中，作为执行元件使用的是（ A ）。

    A. 伺服电动机　　　B. 自整角机　　　　C. 旋转变压器　　　D. 测速发电机

115. 直流电动机的某一个电枢绕组在旋转一周的过程中，通过其中的电流是（ D ）。

    A. 脉冲电流　　　　　　　　　　　　B. 直流电流

    C. 互相抵消正好为零　　　　　　　　D. 交流电流

116. 直流电动改变电源电压调速时，调节的转速（ B ）铭牌转速。

    A. 等于　　　　　　B. 小于　　　　　　C. 大于　　　　　　D. 大于和等于

117. 晶体管时间续电器比气囊式时间继电器的延时范围（ D ）。

    A. 因使用场合不同而不同　　　　　　B. 相等

    C. 小　　　　　　　　　　　　　　　D. 大

118. 下列型号的时间继电器属于晶体管时间继电器是（ B ）。

    A. JS17　　　　　　B. JS20 和 JSJ　　　C. JS7-2A　　　　D. JDZ2-S

119. 三相同步电动机的转子在（ C ）时才能产生同步电磁转矩。

    A. 异步启动　　　　B. 直接启动　　　　C. 同步转速　　　　D. 降压启动

120. 接触器检修后由于灭弧装置损坏,该接触器( C )使用。

　　A. 仍能　　　　　　B. 短路故障下也可　　C. 不能　　　　　　D. 在额定电流下可以

**二、判断题**(第 121 题～第 160 题。将判断结果填入括号中。正确的填"√",错误的填"×"。每题 1 分,满分 40 分)

121. ( × )负载作三角形连接时的相电流,是指相线中的电流。

122. ( √ )BG-5 型晶体管功率方向继电器为零序方向时,可用于接地保护。

123. ( × )变压器的电压调整率越大,说明变压器的副边端电压越稳定。

124. ( √ )Z3050 型摇臂钻床的液压油泵电动机起夹紧和放松作用,两者需采用双重联锁。

125. ( × )高压负荷开关虽有简单的灭弧装置,其灭弧能力有限,但可切断短路电流。

126. ( √ )三相异步电动机定子绕组同相线圈之间的连接应顺着电流方向进行。

127. ( √ )三相电力变压器并联运行可提高供电的可靠性。

128. ( √ )机床电器装置的所有触点均应完整、光洁、接触良好。

129. ( √ )交流电焊机的主要组成部分是漏抗较大且可调的变压器。

130. ( × )在感性电路中,提高用电器的效率应采用电容并联补偿法。

131. ( × )在中、小型电力变压器的定期检查中,若发现呼吸干燥器中的变色硅胶全部为蓝色,则说明变色硅胶已失效,需更换或处理。

132. ( √ )变压器负载运行时,原边电流包含有励磁分量和负载分量。

133. ( √ )利用戴维南定理,可把一个含源二端网络等效成一个电源的方法。

134. ( √ )焊接产生的内部缺陷,必须通过无损探伤等方法才能发现。

135. ( √ )降低电力线路和变压器等电气设备的供电损耗,是节约电能的主要途径之一。

136. ( × )高压断路器作交流耐压试验时,升至试验电压标准后,持续时间越长,越容易发现缺陷。

137. ( √ )同步电机与异步电机一样,主要是由定子和转子两部分组成。

138. ( √ )交流伺服电动机的转子通常做成笼型,但转子的电阻比一般异步电动机大得多。

139. ( √ )采用电弧焊时,焊条直径主要取决于焊接工件的厚度。

140. ( × )只要牵引电磁铁额定电磁吸力一样,额定行程相同,而通电持续率不同,两者在应用场合的适应性上就是相同的。

141. ( √ )戴维南定理最适用于求复杂电路中某一条支路的电流。

142. ( √ )如果变压器绕组绝缘受潮,在耐压试验时会使绝缘击穿。

143.（√）电桥使用完毕后应将检流计的锁扣锁住,防止搬动电桥时检流计的悬丝被振坏。

144.（√）焊工用面罩不得漏光,使用时应避免碰撞。

145.（√）最常用的数码显示器是七段式显示器件。

146.（√）$LC$ 回路的自由振荡频率 $f_0 = \dfrac{1}{2\pi\sqrt{LC}}$。

147.（×）同步电压为锯齿波的触发电路,其产生的锯齿波线性度最好。

148.（×）直流电动机一般都允许全电压直接启动。

149.（√）要使三相异步电动机反转,只要改变定子绕组任意两相绕组的相序即可。

150.（√）高压隔离开关,实质上就是能耐高电压的闸刀开关,没有专门的灭弧装置,因此只有微弱的灭弧能力。

151.（×）低频信号发生器开机后需加热 30 min 后方可使用。

152.（×）或门电路,只有当输入信号全部为 1 时输出才会是 1。

153.（√）解析法是用三角函数式表示正弦交流电的一种方法。

154.（√）电源电压过低会使整流式直流弧焊机次级电压太低。

155.（√）接近开关功能用途除行程控制和限位保护外,还可检测金属的存在、高速计数、测速、定位、变换运动方向、检测零件尺寸、液面控制及用作无触点按钮等。

156.（×）若仅需将中、小型电力变压器的器身吊起一部分进行检修时,只要用起重设备将器身吊出到所需高度,便可立即开始检修。

157.（√）直流弧焊发电机与交流电焊机相比,结构较复杂。

158.（×）在纯电感电路中欧姆定律的符号形式是 $\dot{U} = \omega L \dot{I}$。

159.（√）负载的功率因数大,说明负载对电能的利用率高。

160.（×）变压器负载运行时效率等于其输入功率除以输出功率。

### （第二套模拟卷）

**一、单项选择题**(第 1 题 ~ 第 120 题。选择一个正确的答案,将相应的字母填入题内的括号中。每题 0.5 分,满分 60 分)

1. 更换或修理各种继电器时,其型号、规格、容量、线圈电压及技术指标,应与原图纸要求（ B ）。

    A. 稍有不同　　　　B. 相同　　　　　　C. 可以不同　　　　D. 随意确定

2. 直流伺服电动机的机械特性曲线是（ D ）。

    A. 双曲线　　　　　B. 抛物线　　　　　C. 圆弧线　　　　　D. 线性的

3. 检修 SN10-10 高压断路器操作机构的分合闸接触器和分合闸电磁铁的绝缘电阻,应选用( D )V 的兆欧表。

    A. 2 500           B. 250           C. 5 000           D. 500 或 1 000

4. 二极管两端加上正向电压时( B )。

    A. 一定导通                    B. 超过死区电压才导通

    C. 超过 0.3 V 才导通          D. 超过 0.7 V 才导通

5. 滑轮用来起重或迁移各种较重设备或部件,起重高度在( D )m 以下。

    A. 2              B. 3             C. 4             D. 5

6. 用电压测量法检查低压电气设备时,把万用表扳到交流电压( D )V 挡位上。

    A. 10            B. 50             C. 100          D. 500

7. 整流式直流电焊机焊接电流调节失灵,其故障原因可能是( C )

    A. 饱和电抗器控制绕组极性接反       B. 变压器初级线圈匝间短路

    C. 稳压器谐振线圈短路            D. 稳压器补偿线圈匝数不恰当

8. 串励直流电动机的能耗制动方法有( A )种。

    A. 2              B. 3             C. 4             D. 5

9. 严重歪曲测量结果的误差叫( D )。

    A. 绝对误差     B. 系统误差     C. 偶然误差     D. 疏失误差

10. 发现示波管的光点太亮时,应调节( B )。

    A. 聚焦旋钮     B. 辉度旋钮     C. Y 轴增幅旋钮     D. X 轴增幅旋钮

11. 提高企业用电负荷的功率因数可以使变压器的电压调整率( B )。

    A. 不变        B. 减小         C. 增大         D. 基本不变

12. 对 FN1-10 型户内高压负荷开关在进行交流耐压试验时发现击穿,其原因是( A )。

    A. 支柱绝缘子破损,绝缘拉杆受潮     B. 周围环境湿度减小

    C. 开关动静触头接触良好        D. 灭弧室功能完好

13. 焊条保温筒分为( B )种。

    A. 2              B. 3             C. 4             D. 5

14. 进行变压器耐压试验时,试验电压的上升速度,先可以任意速度上升到额定试验电压的( C )% ,以后再以均匀缓慢的速度升到额定试验电压。

    A. 10            B. 20             C. 40           D. 50

15. 长期不工作的示波器重新使用时,应该( C )。

    A. 先通以 1/2 额定电压工作 2 h,再升至额定电压工作

    B. 先通以 2/3 额定电压工作 10 min,再升至额定电压工作

C. 先通以 2/3 额定电压工作 2 h,再升至额定电压工作

D. 直接加额定电压工作

16. 高压 10 kV 隔离开关交流耐压试验方法正确的是( A )。

A. 先作隔离开关的基本预防性试验,后作交流耐压试验

B. 作交流耐压试验取额定电压值就可,不必考虑过电压的影响

C. 作交流耐压试验前应先用 500 V 摇表测绝缘电阻合格后,方可进行

D. 交流耐压试验时,升压至试验电压后,持续时间 5 min

17. 整流式直流电焊机磁饱和电抗器的铁芯由( D )字形铁芯组成。

A.1 个"口"　　　B.3 个"口"　　　C.1 个"日"　　　D.3 个"日"

18. 如图所示正弦交流电的初相位是( B )。

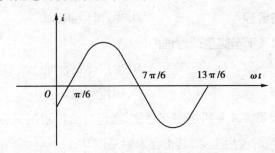

A. π/6　　　　B. −(π/6)　　　　C.7π/6　　　　D. π/3

19. 阻值为 4 Ω 的电阻和容抗为 3 Ω 的电容串联,总复数阻抗为( D )。

A.$\overline{Z}=3+j4$　　B.$\overline{Z}=3-j4$　　C.$\overline{Z}=4+j3$　　D.$\overline{Z}=4-j3$

20. 使用检流计时要做到( A )。

A. 轻拿轻放　　B. 水平放置　　C. 竖直放置　　D. 随意放置

21. 用电桥测电阻时,电桥与被测电阻的连接应用( D )的导线。

A. 较细较短　　B. 较粗较长　　C. 较细较长　　D. 较粗较短

22. X62W 万能铣床左右进给手柄搬向右,工作台向右进给时,上下、前后进给手柄必须处于( C )。

A. 上　　　　B. 后　　　　C. 零位　　　　D. 任意位置

23. T68 卧式镗床常用( A )制动。

A. 反接　　　B. 能耗　　　C. 电磁离合器　　　D. 电磁抱闸

24. 10 kV 电流互感器在大修后进行交流耐压试验,应选耐压试验标准为( A )kV。

A.38　　　　B.4　　　　C.6　　　　D.3

25. 对 FN3-10/400 型户内高压压气式负荷开关,在进行交流耐压试验时,当升压过程中发现支柱绝缘子闪烁跳闸击穿,其击穿原因是( B )。

147

A. 拉杆受潮　　　　B. 支柱绝缘子破损　C. 触头脏污　　　　　D. 空气湿度增大

26. 按实物测绘机床电气设备控制线路的接线图时,同一电器的各元件要画在( A )处。

A. 1　　　　　　B. 2　　　　　　C. 3　　　　　　D. 多

27. 下列关于电弧熄灭的说法中,正确的是( A )。

A. 在同样电参数下交流电弧比直流电弧更容易熄灭

B. 熄灭交流电弧常用的是磁吹式灭弧装置

C. 在同样电参数下直流电弧比交流电弧更容易熄灭

D. 气隙内消游离速度小于游离速度电弧一定熄灭

28. 生产第一线的质量管理叫( B )。

A. 生产现场管理　　　　　　　　B. 生产现场质量管理

C. 生产现场设备管理　　　　　　D. 生产计划管理

29. 生产作业的管理属于车间生产管理的( C )。

A. 生产作业控制　　　　　　　　B. 生产计划管理

C. 生产现场管理　　　　　　　　D. 物流管理

30. LFC-10 型瓷绝缘贯穿式复匝电流互感器,在进行交流耐压试验前,测绝缘电阻合格,按试验电压标准进行试验时发生击穿,其击穿原因是( D )。

A. 变比准确度不准　　　　　　　B. 周围环境湿度大

C. 表面有脏污　　　　　　　　　D. 产品制造质量不合格

31. 正弦交流电路中的总电压,总电流的最大值分别为 $U_m$ 和 $I_m$,则视在功率为( B )。

A. $U_m I_m$　　　　B. $U_m I_m / 2$　　　　C. $U_m I_m / \sqrt{2}$　　　　D. $\sqrt{2} U_m I_m$

32. 交磁扩大机的( A )自动调速系统需要一台测速发电机。

A. 转速负反馈　　　　　　　　　B. 电压负反馈

C. 电流正反馈　　　　　　　　　D. 电流截止负反馈

33. 将一个具有反馈的放大器的输出端短路,即三极管输出电压为0,反馈信号消失,则该放大器采用的反馈是( C )。

A. 正反馈　　　　　B. 负反馈　　　　　C. 电压反馈　　　　　D. 电流反馈

34. 对从事产品生产制造和提供生产服务场所的管理,是( A )。

A. 生产现场管理　　　　　　　　B. 生产现场质量管理

C. 生产现场设备管理　　　　　　D. 生产计划管理

35. 数字集成门电路,目前生产最多应用最普遍的门电路是( D )。

A. 与门　　　　　　B. 或门　　　　　　C. 非门　　　　　　D. 与非门

36. 现代发电厂的主体设备是( D )。

A. 直流发电机　　　B. 同步电动机　　　　C. 异步发电机　　　　D. 同步发电机

37. 电力变压器大修后耐压试验的试验电压应按"交接和预防性试验电压标准"选择,标准中规定电压级次为 10 kV 的油浸变压器的试验电压为( C )kV。

A. 15　　　　　B. 21　　　　　C. 30　　　　　D. 35

38. 欲使导通晶闸管关断,错误的作法是( B )。

A. 阳极阴极间加反向电压

B. 撤去门极电压

C. 将阳极阴极间正压减小至小于维持电压

D. 减小阴极电流,使其小于维持电流

39. 阻容耦合多级放大器可放大( B )。

A. 直流信号　　　B. 交流信号　　　C. 交、直流信号　　　D. 反馈信号

40. 若将半波可控整流电路中的晶闸管反接,则该电路将( D )。

A. 短路　　　　　　　　　　B. 和原电路一样正常工作

C. 开路　　　　　　　　　　D. 仍然整流,但输出电压极性相反

41. 交流电动机耐压试验的试验电压种类应为( B )。

A. 直流　　　　　B. 工频交流　　　C. 高频交流　　　D. 脉冲电流

42. 电动势为 10 V,内阻为 2 Ω 的电压源变换成电流源时,电流源的电流和内阻是( C )。

A. 10 A,2 Ω　　　B. 20 A,2 Ω　　　C. 5 A,2 Ω　　　　D. 2 A,5 Ω

43. 物流管理属于生产车间管理的( B )。

A. 生产计划管理　　B. 生产现场管理　　C. 作业管理　　　D. 现场设备管理

44. 大、中型直流电机的主极绕组一般用 ( C )制造。

A. 漆包铜线　　　B. 绝缘铝线　　　C. 扁铜线　　　　D. 扁铝线

45. 在检查电气设备故障时,( A )只适用于压降极小的导线及触头之类的电气故障。

A. 短接法　　　　B. 电阻测量法　　　C. 电压测量法　　　D. 外表检查法

46. 他励加串励式直流弧焊发电机焊接电流的细调是靠( B )来实现的。

A. 改变他励绕组的匝数　　　　B. 调节他励绕组回路中串联电阻的大小

C. 改变串励绕组的匝数　　　　D. 调节串励绕组回路中串联电阻的大小

47. 为了提高中、小型电力变压器铁芯的导磁性能,减少铁损耗,其铁芯多采用( A )制成。

A. 0.35 mm 厚,彼此绝缘的硅钢片叠装

B. 整块钢材

C. 2 mm 厚彼此绝缘的硅钢片叠装

D. 0.5 mm 厚,彼此不需绝缘的硅钢片叠装

48. 交流电动机在耐压试验中绝缘被击穿的原因可能是( D )。

    A. 试验电压偏低　　　　　　　　　B. 试验电压偏高

    C. 试验电压为交流　　　　　　　　D. 电机没经过烘干处理

49. 根据国标规定,低氢型焊条一般在常温下超过 4 h,应重新烘干,烘干次数不超过( B )次。

    A. 2　　　　　　B. 3　　　　　　C. 4　　　　　　D. 5

50. 同步电动机采用能耗制动时,将运行中的同步电动机定子绕组( A ),并保留转子励磁绕组的直流励磁。

    A. 电源短路　　　B. 电源断开　　　C. 开路　　　　　D. 串联

51. 高压负荷开关的用途是( C )。

    A. 用来切断短路故障电流

    B. 既能切断负载电流又能切断故障电流

    C. 主要用来切断和闭合线路的额定电流

    D. 用来切断空载电流

52. 每次排除常用电气设备的电气故障后,应及时总结经验,并( A )。

    A. 作好维修记录　　　　　　　　　B. 清理现场

    C. 通电试验　　　　　　　　　　　D. 移交操作者使用

53. 晶体管时间继电器按构成原理分为( C )两类。

    A. 电磁式和电动式　　　　　　　　B. 整流式和感应式

    C. 阻容式和数字式　　　　　　　　D. 磁电式和电磁式

54. 使用直流双臂电桥测量电阻时,动作要迅速,以免( D )。

    A. 烧坏电源　　　　　　　　　　　B. 烧坏桥臂电阻

    C. 烧坏检流计　　　　　　　　　　D. 电池耗电量过大

55. 示波器荧光屏上出现一个完整、稳定正弦波的前提是待测波形频率( B )扫描锯齿波电压频率。

    A. 低于　　　　　　B. 等于　　　　　　C. 高于　　　　　　D. 不等于

56. 高压 10 kV 隔离开关在交接及大修后进行交流耐压试验的电压标准为( C )kV。

    A. 24　　　　　　B. 32　　　　　　C. 42　　　　　　D. 20

57. 额定电压 10 kV 互感器交流耐压试验的目的是( D )。

    A. 提高互感器的准确度　　　　　　B. 提高互感器容量

    C. 提高互感器绝缘强度　　　　　　D. 准确考验互感器绝缘强度

58. 调节普通示波器"X 轴位移"旋钮可以改变光点在（　D　）。

　　A. 垂直方向的幅度　　　　　　　　B. 水平方向的幅度

　　C. 垂直方向的位置　　　　　　　　D. 水平方向的位置

59. 直流电动机回馈制动时,电动机处于（　B　）。

　　A. 电动状态　　　B. 发电状态　　　C. 空载状态　　　D. 短路状态

60. 一含源二端网络,测得其开路电压为 100 V,短路电流 10 A,当外接 10 Ω 负载电阻时,负载电流是（　B　）。

　　A. 10 A　　　　B. 5 A　　　　C. 15 A　　　　D. 20 A

61. 正反转控制线路,在实际工作中最常用最可靠的是（　C　）。

　　A. 倒顺开关　　　　　　　　　　B. 接触器联锁

　　C. 按钮联锁　　　　　　　　　　D. 按钮、接触器双重联锁

62. 低氢型焊条一般在常温下超过（　C　）h,应重新烘干。

　　A. 2　　　　　　B. 3　　　　　　C. 4　　　　　　D. 5

63. 整流式直流电焊机是通过（　D　）来调节焊接电流的大小。

　　A. 改变他励绕组的匝数　　　　　　B. 改变并励绕组的匝数

　　C. 整流装置　　　　　　　　　　　D. 调节装置

64. 三相对称负载作三角形连接时,相电流是 10 A,线电流与相电流最接近的值是（　B　）A。

　　A. 14　　　　　　B. 17　　　　　　C. 7　　　　　　D. 20

65. 用单臂直流电桥测量电阻时,若发现检流计指针向"+"方向偏转,则需（　B　）。

　　A. 增加比例臂电阻　　　　　　　　B. 增加比较臂电阻

　　C. 减小比例臂电阻　　　　　　　　D. 减小比较臂电阻

66. 交流测速发电机输出电压的频率（　C　）。

　　A. 为零　　　　　　　　　　　　　B. 大于电源频率

　　C. 等于电源频率　　　　　　　　　D. 小于电源频率

67. 陶土金属栅片灭弧罩灭弧是利用（　D　）的原理。

　　A. 窄缝冷却电弧　　　　　　　　　B. 电动力灭弧

　　C. 铜片易导电易散热　　　　　　　D. 串联短弧降压和去离子栅片灭弧

68. 接触器检修后由于灭弧装置损坏,该接触器（　B　）使用。

　　A. 仍能继续　　　　　　　　　　　B. 不能

　　C. 在额定电流下可以　　　　　　　D. 短路故障下也可

69. 采用电压微分负反馈后,自动调速系统的静态放大倍数将（　C　）。

A. 增大　　　　　B. 减小　　　　　C. 不变　　　　　D. 先增大后减小

70. 同步电动机的启动方法有同步启动法和（　A　）启动法。

A. 异步　　　　　B. 反接　　　　　C. 降压　　　　　D. 升压

71. 任何一个含源二端网络都可以用一个适当的理想电压源与一个电阻（　A　）来代替。

A. 串联　　　　　B. 并联　　　　　C. 串联或并联　　　　　D. 随意连接

72. 应用戴维南定理求含源二端网络的输入等效电阻是将网络内各电动势（　D　）。

A. 串联　　　　　B. 并联　　　　　C. 开路　　　　　D. 短接

73. 三相对称负载接成三角形时,若某相的线电流为 1 A,则三相线电流的矢量和为（　B　）A。

A. 3　　　　　B. $\sqrt{3}$　　　　　C. $\sqrt{2}$　　　　　D. 0

74. 电工常用的电焊条是（　D　）焊条。

A. 低合金钢焊条　B. 不锈钢焊条　　　　　C. 堆焊焊条　　　　　D. 结构钢焊条

75. 在脉冲电路中,应选择（　B　）的三极管。

A. 放大能力强　　　　　　　　B. 开关速度快

C. 集电极最大耗散功率高　　　　　D. 价格便宜

76. T610 镗床的主轴和平旋盘是通过改变（　A　）的位置实现调速的。

A. 钢球无级变速器　　　　　　　B. 拖动变速器

C. 测速发电机　　　　　　　　D. 限位开关

77. 推挽功率放大电路在正常工作过程中,晶体管工作在（　D　）状态。

A. 放大　　　　　B. 饱和　　　　　C. 截止　　　　　D. 放大或截止

78. 低频信号发生器的低频振荡信号由（　D　）振荡器产生。

A. LC　　　　　B. 电感三点式　　　　　C. 电容三点式　　　　　D. RC

79. 直流电动机除极小容量外,不允许（　B　）启动。

A. 降压　　　　　　　　　　B. 全压

C. 电枢回路串电阻　　　　　　D. 降低电枢电压

80. 低频信号发生器输出信号的频率范围一般在（　B　）。

A. 0 ~ 20 Hz　　B. 20 Hz ~ 200 kHz　C. 50 ~ 100 Hz　　　　D. 100 ~ 200 Hz

81. 焊剂使用前必须（　A　）。

A. 烘干　　　　　B. 加热　　　　　C. 冷却　　　　　D. 脱皮

82. 应用戴维南定理分析含源二端网络的目的是（　D　）。

A. 求电压　　　　　　　　　　B. 求电流

C. 求电动势　　　　　　　　　D. 用等效电源代替二端网络

83. 一含源二端网络测得其开路电压为 10 V,短路电流是 5 A。若把它用一个电源来代替,电源内阻为( D )。

    A.1 Ω        B.10 Ω        C.5 Ω        D.2 Ω

84. 氩弧焊是利用惰性气体( C )的一种电弧焊接方法。

    A.氧        B.氢        C.氩        D.氖

85. 直流发电机的电枢上装有许多导体和换向片,其主要目的是( D )。

    A. 增加发出的直流电势大小        B. 减小发出的直流电动势大小

    C. 增加发出的直流电动势的脉动量        D. 减小发出的直流电动势的脉动量

86. 一含源二端网络测得其短路电流是 4 A,若把它等效为一个电源,电源的内阻为 2.5 Ω,电动势为( A )。

    A.10 V        B.5 V        C.1 V        D.2 V

87. 室温下,阳极加 6 V 正压,为保证可靠触发所加的门极电流应( C )门极触发电流。

    A. 小于        B. 等于        C. 大于        D. 任意

88. 共发射极放大电路如图所示,现在处于饱和状态,欲恢复放大状态,通常采用的方法是( A )。

    A. 增大 $R_B$        B. 减小 $R_B$        C. 减小 $R_C$        D. 改变 $U_{CC}$

89. 直流弧焊发电机在使用中,出现电刷下有火花且个别换向片有炭迹,可能的原因是( D )。

    A. 导线接触电阻过大        B. 电刷盒的弹簧压力过小

    C. 个别电刷刷绳线断        D. 个别换向片突出或凹下

90. 低频信号发生器开机后( A )即可使用。

    A. 很快        B. 需加热 60 min 后

    C. 需加热 40 min 后        D. 需加热 30 min 后

91. 把如图所示的二端网络等效为一个电源,其电动势和内阻为( D )。

    A.3 V,3 Ω        B.3 V,1.5 Ω        C.2 V,3/2 Ω        D.2 V,2/3 Ω

92. 如图所示二端网络,等效为一个电源时的电动势为( B )。

  A. 8 V    B. 4 V    C. 2 V    D. 6 V

93. 中、小型三相单速异步电动机定子绕组概念图中的每一个小方块代表定子绕组的一个( C )。

  A. 线圈    B. 绕组    C. 极相组    D. 元件

94. 用普通示波器观测频率为 1 000 Hz 的被测信号,若需在荧光屏上显示出 5 个完整的周期波形,则扫描频率应为( A )Hz。

  A. 200    B. 2 000    C. 1 000    D. 5 000

95. 差动放大电路的作用是( D )信号。

  A. 放大共模        B. 放大差模

  C. 抑制共模        D. 抑制共模,又放大差模

96. 在遥测系统中,需要通过( C )把非电量的变化转变为电信号。

  A. 电阻器    B. 电容器    C. 传感器    D. 晶体管

97. 适用于电机容量较大且不允许频繁启动的降压启动方法是( B )。

  A. 星-三角    B. 自耦变压器    C. 定子串电阻    D. 延边三角形

98. 为使直流电动机的旋转方向发生改变,应将电枢电流( D )。

  A. 增大    B. 减小    C. 不变    D. 反向

99. 搬动检流计或使用完毕后,( D )。

  A. 将转换开关置于最高量程    B. 要进行机械调零

  C. 断开被测电路        D. 将止动器锁上

100. 用普通示波器观测一波形,若荧光屏显示由左向右不断移动的不稳定波形时,应当调整( C )旋钮。

  A. X 位移    B. 扫描范围    C. 整步增幅    D. 同步选择

101. 为防止 Z37 摇臂升、降电动机正反转继电器同时得电动作,在其控制线路中采用( B )种互锁保证安全的方法。

  A. 1    B. 2    C. 3    D. 4

102. 我国研制的( D )系列的高灵敏度直流测速发电机,其灵敏度比普通测速发电机高 1 000 倍,特别适合作为低速伺服系统中的速度检测元件。

  A. CY    B. ZCF    C. CK    D. CYD

103. 直流发电机电枢上产生的电动势是( B )。

    A. 直流电动势               B. 交变电动势

    C. 脉冲电动势               D. 非正弦交变电动势

104. 为满足生产机械要求有较为恒定转速的目的,电磁调速异步电动机中一般都配有能根据负载变化而自动调节励磁电流的控制装置,它主要由( D )构成。

    A. 伺服电动机和速度正反馈系统    B. 伺服电动机和速度负反馈系统

    C. 测速发电机和速度正负反馈系统    D. 测速发电机和速度负反馈系统

105. 直流电机主磁极上两个励磁绕组,一个与电枢绕组串联,一个与电枢绕组并联,称为( D )电机。

    A. 他励        B. 串励        C. 并励        D. 复励

106. 电压源与电流源等效变换的依据是( D )。

    A. 欧姆定律               B. 全电路欧姆定律

    C. 叠加定理               D. 戴维南定理

107. 电流为 5 A,内阻为 2 Ω 的电流源变换成一个电压源时,电压源的电动势和内阻为( A )。

    A. 10 V,2 Ω    B. 2.5 V,2 Ω    C. 0.4 V,2 Ω    D. 4 V,2 Ω

108. 电磁转差离合器中,磁极的转速应该( D )电枢的转速。

    A. 远大于        B. 大于        C. 等于        D. 小于

109. 三相同步电动机采用能耗制动时,电源断开后保持转子励磁绕组的直流励磁,同步电动机就成为电枢被外电阻短接的( C )。

    A. 异步电动机    B. 异步发电机    C. 同步发电机    D. 同步电动机

110. 直流电机的耐压试验主要是考核( D )之间的绝缘强度。

    A. 励磁绕组与励磁绕组    B. 励磁绕组与电枢绕组

    C. 电枢绕组与换向片    D. 各导电部分与地

111. 对于长期不使用的示波器,至少( A )个月通电一次。

    A. 3        B. 5        C. 6        D. 10

112. 使用低频信号发生器时( A )。

    A. 先将"电压调节"放在最小位置,再接通电源

    B. 先将"电压调节"放在最大位置,再接通电源

    C. 先接通电源,再将"电压调节"放在最小位置

    D. 先接通电源,再将"电压调节"放在最大位置

113. 采用合理的测量方法可以消除( A )误差。

A. 系统　　　　　B. 读数　　　　　C. 引用　　　　　D. 疏失

114. 直流并励电动机的机械特性曲线是（　C　）。

　　A. 双曲线　　　　B. 抛物线　　　　C. 一条直线　　　　D. 圆弧线

115. 下列特种电机中，作为执行元件使用的是（　B　）。

　　A. 测速发电机　　B. 伺服电动机　　C. 自整角机　　　　D. 旋转变压器

116. 疏失误差可以通过（　C　）的方法来消除。

　　A. 校正测量仪表　　　　　　　　　B. 正负消去法

　　C. 加强责任心，抛弃测量结果　　　D. 采用合理的测试方法

117. 直流永磁式测速发电机（　A　）。

　　A. 不需另加励磁电源　　　　　　　B. 需加励磁电源

　　C. 需加交流励磁电压　　　　　　　D. 需加直流励磁电压

118. M7120 型磨床的电气联锁的工作原理是：（　A　）不能可靠动作，各电机均无法启动。

　　A. 电压继电器 KA　　　　　　　　B. 液压泵控制线圈 $KM_1$

　　C. 砂轮机接触器线圈 $KM_2$　　　　D. 冷却泵电机 M3

119. 符合"或"逻辑关系的表达式是（　C　）。

　　A. $1+1=2$　　B. $1+1=10$　　C. $1+1=1$　　D. $\overline{1+1}=0$

120. 直流电动机改变电源电压调速时，调节的转速（　B　）铭牌转速。

　　A. 大于　　　　　B. 小于　　　　　C. 等于　　　　　D. 大于和等于

二、判断题（第 121 题~第 160 题。将判断结果填入括号中。正确的填"√"，错误的填"×"。每题 0.5 分，满分 20 分）

121. （　√　）利用戴维南定理，可把一个含源二端网络等效成一个电源的方法。

122. （　√　）根据现有部件（或机器）画出其装配图和零件图的过程，称为部件测绘。

123. （　√　）直流并励电动机的励磁绕组决不允许开路。

124. （　√　）欠电压继电器当电路电压正常时衔铁吸合动作，当电压低于 $35\% \, U_N$ 以下时衔铁释放，触头复位。

125. （　×　）测量检流计内阻时，必须采用准确度较高的电桥去测量。

126. （　×　）在 MOS 门电路中，欲使 NMOS 管导通可靠，栅极所加电压应小于开启电压 $U_{TN}$。

127. （　√　）变压器负载运行时，原边电流包含有励磁分量和负载分量。

128. （　√　）串励直流电动机启动时，常用减小电枢电压的方法来限制启动电流。

129. （　×　）戴维南定理最适用于求复杂电路中某一条支路的电流。

130. （　√　）采用电弧焊时，焊条直径主要取决于焊接工件的厚度。

131.（ × ）额定电压 10 kV 油断路器绝缘电阻的测试,不论哪部分一律采用 2 500 V 兆欧表进行。

132.（ √ ）解析法是用三角函数式表示正弦交流电的一种方法。

133.（ × ）同步电动机能够自行启动。

134.（ × ）接触器触头为了保持良好接触,允许涂以质地优良的润滑油。

135.（ √ ）互感器是电力系统中供测量和保护的重要设备。

136.（ × ）常用电气设备电气故障产生的原因主要是自然故障。

137.（ × ）在交流电路中功率因数 $\cos\phi$＝有功功率/（有功功率+无功功率）。

138.（ √ ）要使三相绕线式异步电动机的启动转矩为最大转矩,可以用在转子回路中串入合适电阻的方法来实现。

139.（ √ ）降低电力线路和变压器等电气设备的供电损耗,是节约电能的主要途径之一。

140.（ √ ）在直流伺服电动机中,信号电压若加在电枢绕组两端,称为电枢控制;若加在励磁绕组两端,则称为磁极控制。

141.（ × ）在三相半波可控整流电路中,若 $\alpha>30°$,输出电压波形连续。

142.（ × ）普通示波器所要显示的是被测电压信号随频率而变化的波形。

143.（ √ ）6 kV 的油浸电力变压器大修后,耐压试验的试验电压为 21 kV。

144.（ √ ）生产过程的组织是车间生产管理的基本内容。

145.（ √ ）接近开关功能用途除行程控制和限位保护外,还可检测金属的存在、高速计数、测速、定位、变换运动方向、检测零件尺寸、液面控制及用作无触点按钮等。

146.（ √ ）三相电力变压器并联运行可提高供电的可靠性。

147.（ × ）任何电流源都可转换成电压源。

148.（ √ ）直流弧焊发电机与交流电焊机相比,结构较复杂。

149.（ × ）生产作业的控制不属于车间生产管理的基本内容。

150.（ √ ）直流电机作耐压试验的目的是考核导电部分对地的绝缘强度,以确保电机正常安全运行。

151.（ × ）三相对称负载做 Y 连接,若每相阻抗为 10 Ω,接在线电压为 380 V 的三相交流电路中,则电路的线电流为 38 A。

152.（ √ ）常用电气设备的维修应包括日常维护保养和故障检修两个方面。

153.（ √ ）电桥使用完毕后应将检流计的锁扣锁住,防止搬动电桥时检流计的悬丝被振坏。

154.（ √ ）BG-5 型晶体管功率方向继电器为零序方向时,可用于接地保护。

155.（ √ ）测速发电机分为交流和直流两大类。

156.（ √ ）绝缘有明显缺陷的高压开关,严禁再作交流耐压试验。

157.（ × ）高压断路器作交流耐压试验时,升至试验电压标准后,持续时间越长,越容易发现缺陷。

158.（ × ）用戴维南定理解决任何复杂电路问题都方便。

159.（ √ ）在中、小型电力变压器的检修中,用起重设备吊起器身时,应尽量把吊钩装得高些,使吊器身的钢绳的夹角不大于45°,以避免油箱盖板弯曲变形。

160.（ √ ）电源电压过低会使整流式直流弧焊机次级电压太低。

附图1:

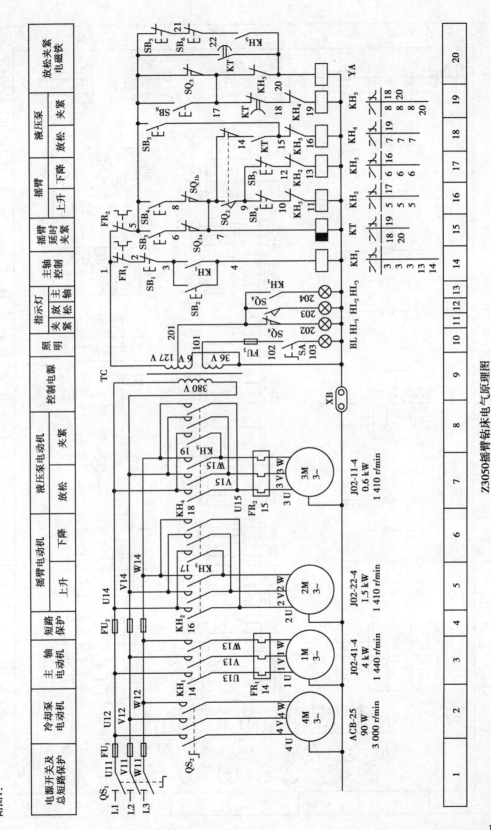

Z3050摇臂钻床电气原理图

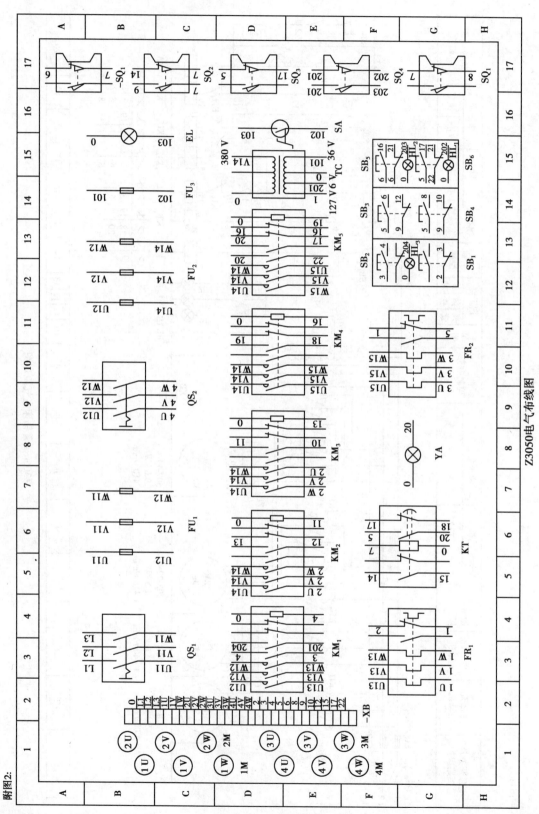

Z3050电气布线图

附图2:

附图3:

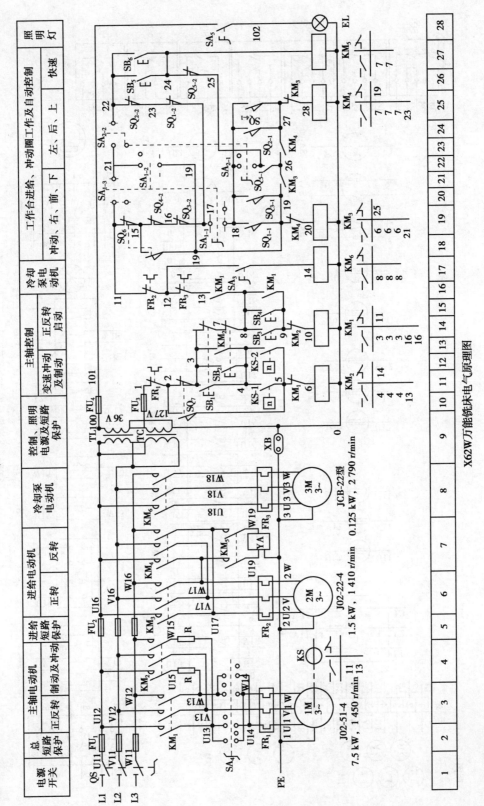

X62W万能铣床电气原理图

| 1 | 2 | 3 | 4 | 5 | 6 | 7 | 8 | 9 | 10 | 11 | 12 | 13 | 14 | 15 | 16 | 17 | 18 | 19 | 20 | 21 | 22 | 23 | 24 | 25 | 26 | 27 | 28 |
|---|---|---|---|---|---|---|---|---|----|----|----|----|----|----|----|----|----|----|----|----|----|----|----|----|----|----|----|

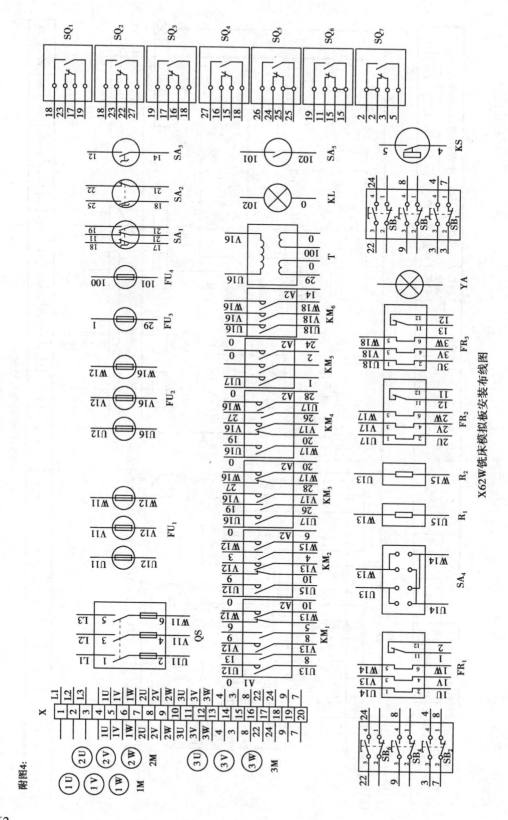

X62W铣床模拟板安装布线图

附图4:

# 参考文献

[1] 苑尚尊.维修电工实践教程[M].北京:清华大学出版社,2009.

[2] 陈光柱.机床电气控制技术[M].北京:人民邮电出版社,2013.

[3] 劳动和社会保障部.维修电工基础知识[M].北京:中国劳动社会保障出版社,2003.

[4] 中国石油天然气集团公司人事服务中心.维修电工(上下册)[M].东营:石油大学出版社,2005.

[5] 易沅屏.电工学[M].2版.北京:高等教育出版社,2010.

[6] 江文,许慧中.供配电技术[M].北京:机械工业出版社,2011.

[7] 李悦,杨海宽.电气安全工程[M].北京:化学工业出版社,2004.

[8] 鹿继续,罗顶瑞,朱兆华.电工安全技术[M].北京:化学工业出版社,2008.

[9] 黄向慧.现代电气自动控制技术[M].2版.北京:人民邮电出版社,2009.

[10] 陈幼洪.电气设备安装工[M].北京:化学工业出版社,2005.